Amit Bansal

Mente e máquina

Amit Bansal

Mente e máquina

Explorar a Psicologia Cognitiva na Inteligência Artificial

ScienciaScripts

Imprint

Any brand names and product names mentioned in this book are subject to trademark, brand or patent protection and are trademarks or registered trademarks of their respective holders. The use of brand names, product names, common names, trade names, product descriptions etc. even without a particular marking in this work is in no way to be construed to mean that such names may be regarded as unrestricted in respect of trademark and brand protection legislation and could thus be used by anyone.

Cover image: www.ingimage.com

This book is a translation from the original published under ISBN 978-620-7-80785-7.

Publisher:
Sciencia Scripts
is a trademark of
Dodo Books Indian Ocean Ltd. and OmniScriptum S.R.L publishing group

120 High Road, East Finchley, London, N2 9ED, United Kingdom
Str. Armeneasca 28/1, office 1, Chisinau MD-2012, Republic of Moldova, Europe
Printed at: see last page
ISBN: 978-620-7-85870-5

Mente e máquina

Explorar a Psicologia Cognitiva na Inteligência Artificial

Por

Sr. Amit Bansal

Dayal Singh College, Universidade de Deli, Deli, Índia

PREFÁCIO

No panorama tecnológico em constante evolução, a interação entre a psicologia cognitiva e a inteligência artificial (IA) destaca-se como uma fronteira rica em promessas e complexidade. Mente e Máquina: Exploring Cognitive Psychology in Artificial Intelligence investiga esta intersecção, oferecendo aos leitores uma exploração aprofundada da forma como os processos cognitivos humanos podem informar e melhorar o desenvolvimento de máquinas inteligentes. A psicologia cognitiva, com os seus conhecimentos profundos sobre a forma como percepcionamos, pensamos, aprendemos e recordamos, fornece uma base crucial para o avanço das tecnologias de IA. Por outro lado, a IA oferece novas ferramentas e perspectivas que podem enriquecer significativamente a nossa compreensão dos processos cognitivos. O livro começa por examinar os processos e modelos cognitivos fundamentais, estabelecendo uma base a partir da qual podemos explorar interacções mais complexas. A convergência da neurociência cognitiva e da IA mostra os benefícios bidireccionais - como cada campo pode informar e impulsionar o outro. As aplicações práticas são um foco significativo, realçando a forma como estas ideias teóricas se traduzem em sistemas de IA do mundo real. Desde a perceção visual e auditiva até aos mecanismos de atenção, sistemas de memória e estratégias de resolução de problemas, cada aspeto da cognição é meticulosamente analisado quanto às suas implicações na IA.

Sr. Amit Bansal

CONTEÚDO

CAPÍTULO 1

Introdução à Psicologia Cognitiva e à IA

Ashwani Kumar

Escola de Engenharia e Tecnologia

K. R. Mangalam University, Gurugram, Haryana, Índia

Amit Bansal

Departamento de Informática

Dayal Singh College, Universidade de Deli, Deli, Índia

Introdução

A psicologia cognitiva é um ramo da psicologia que estuda os processos mentais, incluindo a forma como as pessoas pensam, percepcionam, recordam e aprendem. Surgiu em meados do século XX como uma reação ao behaviorismo, que se centrava apenas nos comportamentos observáveis. A psicologia cognitiva enfatiza a importância dos estados mentais internos e utiliza métodos científicos para entender como as pessoas adquirem, processam e armazenam informações. As principais áreas de interesse incluem a perceção, a memória, a atenção, a linguagem, a resolução de problemas e a tomada de decisões.

Conceitos fundamentais da psicologia cognitiva

Perceção: Este é o processo pelo qual os indivíduos organizam e interpretam a informação sensorial para dar sentido ao seu ambiente. A perceção envolve processos complexos como o reconhecimento de padrões e a integração sensorial.

Atenção: A atenção refere-se ao facto de nos concentrarmos em determinados estímulos e ignorarmos outros. É crucial para o processamento da informação e tem impacto na forma como percebemos e interagimos com o nosso ambiente.

Memória: A memória envolve a codificação, o armazenamento e a recuperação de informações. Está dividida em vários tipos, incluindo a memória de curto prazo, a memória de longo prazo e a memória de trabalho.

Linguagem: Esta área explora a forma como os seres humanos compreendem, produzem e utilizam a linguagem. Engloba a sintaxe, a semântica e os processos cognitivos envolvidos na aquisição da linguagem.

Resolução de problemas e tomada de decisões: Estes processos envolvem a identificação, análise e resolução de problemas. A tomada de decisões examina a forma como as escolhas são feitas, considerando factores como preconceitos e heurística.

Inteligência Artificial e Psicologia Cognitiva

A Inteligência Artificial (IA) é a simulação da inteligência humana em máquinas programadas para pensar e aprender como os seres humanos. Engloba uma vasta gama de tecnologias, incluindo a aprendizagem automática, o processamento de linguagem natural, a robótica e a visão por computador. O objetivo da IA é criar sistemas capazes de realizar tarefas que normalmente requerem inteligência humana.

Integração da Psicologia Cognitiva e da IA

A integração da psicologia cognitiva e da IA conduziu a avanços significativos em ambos os domínios. A psicologia cognitiva fornece conhecimentos sobre a cognição humana, que podem servir de base ao desenvolvimento de sistemas de IA. Por outro lado, a IA oferece ferramentas e modelos que podem ser utilizados para testar teorias de processos cognitivos.

Modelos cognitivos em IA: Os modelos cognitivos são modelos computacionais que imitam os processos cognitivos humanos. Estes modelos ajudam a compreender a forma como as pessoas pensam e podem melhorar a capacidade dos sistemas de IA para reproduzir comportamentos semelhantes aos humanos.

Aprendizagem automática: A aprendizagem automática, um subconjunto da IA, envolve o desenvolvimento de algoritmos que podem aprender e fazer previsões com base em dados. Tem sido utilizada para modelar processos cognitivos como a aprendizagem e a memória.

Processamento de linguagem natural (PNL): A PNL centra-se na interação entre computadores e seres humanos através da linguagem natural. A compreensão da psicologia cognitiva do processamento da linguagem tem sido crucial para o desenvolvimento de sistemas de PNL mais sofisticados.

Aplicações e implicações

A colaboração entre a psicologia cognitiva e a IA tem inúmeras aplicações, desde o aperfeiçoamento de ferramentas educativas até ao desenvolvimento de assistentes pessoais inteligentes. Os sistemas de IA informados pela psicologia cognitiva podem conduzir a interacções homem-computador mais intuitivas e eficazes.

Tecnologia educativa: As ferramentas educativas baseadas em IA podem adaptar-se a estilos de aprendizagem individuais, melhorando os resultados educativos.

Cuidados de saúde: A IA pode ajudar a diagnosticar deficiências cognitivas e a desenvolver planos de tratamento personalizados.

Interação Homem-Computador: A compreensão dos processos cognitivos pode levar ao desenvolvimento de interfaces mais fáceis de utilizar e melhorar a experiência geral do utilizador.

A psicologia cognitiva e a IA formam, em conjunto, um poderoso domínio interdisciplinar que melhora a nossa compreensão da cognição humana e o desenvolvimento de sistemas inteligentes. À medida que a investigação avança, a colaboração entre estes domínios promete desbloquear novos potenciais na tecnologia e aprofundar a nossa compreensão da mente humana.

Tendências e desafios actuais

Os domínios da psicologia cognitiva e da inteligência artificial (IA) estão a evoluir rapidamente, impulsionados pelos avanços tecnológicos e por uma compreensão mais profunda da cognição humana. As tendências actuais destacam os modelos e aplicações cada vez mais sofisticados da IA, bem como os desafios contínuos que os investigadores e os profissionais enfrentam.

Tendências actuais em Psicologia Cognitiva

Integração neurocientífica: Há uma ênfase crescente na integração da psicologia cognitiva com a neurociência. Os avanços nas técnicas de neuroimagem, como a fMRI e o EEG, permitiram aos investigadores estudar a atividade cerebral em tempo real, levando a uma melhor compreensão dos mecanismos neurais subjacentes aos processos cognitivos.

Estudos transculturais: Os investigadores estão a reconhecer cada vez mais a importância do contexto cultural nos processos cognitivos. Os estudos transculturais estão a esclarecer a forma como os diferentes contextos culturais influenciam a perceção, a memória e a tomada de decisões.

Psicologia Cognitiva Aplicada: Existe um interesse crescente na aplicação dos princípios da psicologia cognitiva a problemas do mundo real. Isto inclui a melhoria dos métodos educativos, a melhoria da experiência do utilizador na tecnologia e o desenvolvimento de melhores intervenções terapêuticas para problemas de saúde mental.

Tendências actuais da IA

Aprendizagem profunda: A aprendizagem profunda, um subconjunto da aprendizagem automática, envolve redes neurais com muitas camadas (redes neurais profundas). Revolucionou áreas como o reconhecimento de imagem e de voz, o processamento de linguagem natural e os sistemas autónomos.

IA explicável (XAI): À medida que os sistemas de IA se tornam mais complexos, há uma procura crescente de explicabilidade. Os investigadores estão a desenvolver métodos para tornar as decisões de IA mais transparentes e compreensíveis para os seres humanos, o que é crucial para a confiança e a responsabilização.

Ética e equidade na IA: As implicações éticas da IA estão a ser objeto de uma atenção crescente. Isto inclui a abordagem dos preconceitos nos sistemas de IA, a garantia da privacidade e da segurança e o desenvolvimento de tecnologias de IA justas e equitativas.

Colaboração Homem-IA: Há uma tendência para a criação de sistemas de IA que colaborem eficazmente com os seres humanos. Isto inclui o desenvolvimento de IA que possa compreender as intenções humanas, comunicar naturalmente e ajudar nos processos de tomada de decisão.

Desafios da Psicologia Cognitiva e da IA

Complexidade da Cognição Humana: A cognição humana é incrivelmente complexa e não é totalmente compreendida. Este facto representa um desafio tanto para os psicólogos cognitivos que tentam modelar os processos cognitivos como para os investigadores de IA que tentam replicá-los.

Qualidade e quantidade dos dados: Dados de alta qualidade são essenciais para treinar modelos de IA. No entanto, a obtenção de grandes conjuntos de dados que representem com exatidão diversas populações e cenários é um desafio.

Preconceito e equidade: Os sistemas de IA podem herdar preconceitos presentes nos dados de treino, conduzindo a resultados injustos ou discriminatórios. A resolução destes preconceitos é crucial para o desenvolvimento de uma IA ética.

Interpretabilidade e explicabilidade: Muitos modelos de IA, especialmente os modelos de aprendizagem profunda, funcionam como "caixas negras" com pouca transparência. O desenvolvimento de métodos para explicar as decisões de IA é um desafio significativo.

Integração de conhecimentos multidisciplinares: O desenvolvimento da IA beneficia da integração de conhecimentos de várias disciplinas, incluindo a psicologia cognitiva, a neurociência e a informática. No entanto, pode ser difícil conseguir uma colaboração interdisciplinar efectiva.

Direcções futuras

IA Neuro-Simbólica: Este domínio emergente combina as capacidades de aprendizagem das redes neuronais com as capacidades de raciocínio da IA simbólica. O seu objetivo é criar sistemas que possam aprender com os dados e raciocinar logicamente.

Aprendizagem ao longo da vida: Os sistemas de IA requerem normalmente grandes conjuntos de dados estáticos para a formação. A aprendizagem ao longo da vida tem como objetivo desenvolver uma IA que possa aprender e adaptar-se continuamente a partir de novas experiências, à semelhança da aprendizagem humana.

IA centrada no ser humano: Há uma crescente concentração no desenvolvimento de IA que dê prioridade aos valores, necessidades e considerações éticas do ser humano. Isto inclui a criação de IA que aumente as capacidades humanas e melhore a qualidade de vida.

As tendências actuais da psicologia cognitiva e da IA reflectem um panorama dinâmico e em rápida evolução. Embora se tenham registado avanços significativos, subsistem numerosos desafios. Para responder a estes desafios, será necessária uma investigação contínua, uma colaboração interdisciplinar e um empenhamento em considerações éticas. O futuro da psicologia cognitiva e da IA é muito promissor para melhorar a nossa compreensão da mente humana e desenvolver sistemas inteligentes que possam ter um impacto positivo na sociedade.

Intersecção da Psicologia Cognitiva e da IA

A intersecção entre a psicologia cognitiva e a inteligência artificial (IA) representa uma área rica de investigação interdisciplinar que procura compreender e reproduzir os processos cognitivos humanos utilizando modelos computacionais. Esta intersecção não só faz avançar os conhecimentos teóricos, como também conduz a aplicações práticas em tecnologia, cuidados de saúde, educação e outras áreas.

Modelos cognitivos em IA

A psicologia cognitiva fornece teorias e modelos fundamentais que descrevem a forma como os seres humanos pensam, aprendem e se comportam. Estes modelos são essenciais para o desenvolvimento de sistemas de IA que possam emular a cognição humana.

IA simbólica: A investigação inicial em IA foi fortemente influenciada pela IA simbólica, que utiliza símbolos de alto nível, legíveis por humanos, para representar problemas e lógica. Esta abordagem está de acordo com a teoria da psicologia cognitiva, segundo a qual o pensamento humano envolve a manipulação de símbolos.

Modelos conexionistas: Também conhecidos como redes neuronais, estes modelos imitam as estruturas neuronais do cérebro e são capazes de aprender com os dados. Têm sido bem sucedidos em tarefas como o reconhecimento de padrões e o processamento de linguagem.

Modelos híbridos: Combinando abordagens simbólicas e conexionistas, os modelos híbridos têm como objetivo tirar partido dos pontos fortes de ambas. Estes modelos podem efetuar raciocínios complexos ao mesmo tempo que aprendem com os dados, à semelhança da forma como os humanos combinam o pensamento lógico com a aprendizagem experimental.

Perceção e atenção na IA

Compreender a perceção humana e os mecanismos de atenção é crucial para desenvolver sistemas de IA que interajam com o mundo real de forma significativa.

Visão por computador: Os sistemas de IA utilizam a visão por computador para interpretar e compreender a informação visual do mundo. Os conhecimentos da psicologia cognitiva sobre a perceção visual humana orientam o desenvolvimento de algoritmos que podem reconhecer objectos, rostos e cenas com elevada precisão.

Mecanismos de atenção: Inspirados na atenção humana, os modelos de IA incorporam mecanismos de atenção para se concentrarem em partes relevantes dos dados de entrada. Isto conduziu a melhorias em tarefas como a legendagem de imagens e a tradução automática, em que a concentração em características relevantes é crucial para o desempenho.

Memória e aprendizagem em IA

A memória humana e os processos de aprendizagem são complexos e multifacetados, envolvendo a codificação, o armazenamento e a recuperação de informação. Os sistemas de IA são concebidos para imitar estes processos, a fim de melhorar o seu desempenho e adaptabilidade.

Aprendizagem por reforço: Esta área da IA envolve o treino de modelos para tomar sequências de decisões através da recompensa de comportamentos desejáveis. É semelhante à forma como os humanos aprendem com as consequências e adaptam as suas acções com base no feedback.

Aprendizagem por transferência: A psicologia cognitiva mostra que os seres humanos podem aplicar conhecimentos de um contexto para outro. Do mesmo modo, a aprendizagem por transferência na IA permite que os modelos apliquem conhecimentos previamente adquiridos a novas tarefas, aumentando a sua eficiência e eficácia.

Linguagem e comunicação

A linguagem é um aspeto fundamental da cognição humana e a compreensão dos seus processos é vital para o desenvolvimento de uma IA capaz de comunicar de forma natural e eficaz.

Processamento de linguagem natural (PNL): A PNL permite à IA compreender, interpretar e gerar linguagem humana. Os conhecimentos da psicologia cognitiva sobre a aquisição e o processamento da linguagem servem de base ao desenvolvimento de algoritmos que podem efetuar tarefas como a análise de sentimentos, a tradução de línguas e a IA de conversação.

Sistemas de diálogo: Estes sistemas são concebidos para estabelecer uma conversação natural com os seres humanos. Compreender a dinâmica e a pragmática da conversação humana ajuda a criar sistemas de diálogo mais reactivos e sensíveis ao contexto.

Tomada de decisões e resolução de problemas

Os sistemas de IA são cada vez mais necessários para tomar decisões complexas e resolver problemas, estabelecendo paralelismos com os processos cognitivos humanos.

Heurísticas e preconceitos: A psicologia cognitiva identificou várias heurísticas e preconceitos que influenciam a tomada de decisões humanas. A IA pode utilizar este conhecimento para prever e atenuar enviesamentos semelhantes em sistemas de decisão automatizados.

Robótica cognitiva: Este domínio integra os princípios da psicologia cognitiva na robótica, criando robôs que podem perceber o seu ambiente, tomar decisões e aprender com as interacções de uma forma semelhante à humana.

Aplicações e implicações

A integração da psicologia cognitiva e da IA deu origem a inúmeras aplicações com impacto em vários aspectos da sociedade.

Cuidados de saúde: Os sistemas de IA baseados na psicologia cognitiva são utilizados no diagnóstico e tratamento de problemas de saúde mental, no desenvolvimento de medicina personalizada e na assistência à reabilitação cognitiva.

Educação: As tecnologias educativas baseadas em IA adaptam-se aos estilos de aprendizagem individuais, fornecendo instruções e feedback personalizados que melhoram os resultados da aprendizagem.

Interação Homem-Computador: A compreensão dos processos cognitivos ajuda a conceber interfaces mais intuitivas e fáceis de utilizar, melhorando a experiência geral do utilizador com a tecnologia.

Considerações éticas

A intersecção entre a psicologia cognitiva e a IA levanta também questões éticas importantes. É fundamental garantir que os sistemas de IA sejam justos, transparentes e respeitem os valores humanos.

Preconceito e equidade: Os sistemas de IA podem herdar preconceitos dos seus dados de treino, conduzindo a resultados injustos ou discriminatórios. A psicologia cognitiva pode ajudar a identificar e atenuar estes enviesamentos.

Privacidade: Os sistemas de IA que imitam a cognição humana requerem frequentemente grandes quantidades de dados pessoais. É essencial garantir a privacidade e a segurança desses dados.

Desenvolvimento ético da IA: Desenvolver uma IA que esteja em conformidade com os valores humanos e os princípios éticos é uma preocupação fundamental. Isto inclui a criação de uma IA que melhore o bem-estar humano e respeite a autonomia individual.

CAPÍTULO 2

Fundamentos da Ciência Cognitiva

Ashwani Kumar

Escola de Engenharia e Tecnologia

K. R. Mangalam University, Gurugram, Haryana, Índia

Deepak Singh

Departamento de Engenharia e Tecnologia

ABES(IT), Ghaziabad, Uttar Pradesh, Índia

Introdução

Os processos cognitivos referem-se às actividades mentais envolvidas na aquisição, processamento, armazenamento e recuperação de informação. Estes processos são fundamentais para compreender o comportamento humano e a inteligência. Os modelos cognitivos são construções teóricas que representam estes processos e têm como objetivo explicar o seu funcionamento. Este campo engloba vários domínios, como a perceção, a memória, a atenção, a linguagem, a resolução de problemas e a tomada de decisões.

Perceção

A perceção é o processo pelo qual os indivíduos interpretam e organizam a informação sensorial para compreender o seu ambiente. Envolve várias fases, incluindo a sensação (a deteção de estímulos), a transdução (conversão de estímulos em sinais neurais) e a interpretação (atribuição de significado aos sinais). Os principais modelos de perceção incluem:

Processamento de baixo para cima: Esta abordagem sugere que a perceção começa com a entrada sensorial, que é depois processada sequencialmente através de níveis cognitivos mais elevados. Por exemplo, o reconhecimento de uma letra envolve a deteção das suas linhas e curvas antes de as integrar num símbolo com significado.

Processamento de cima para baixo: Este modelo postula que a perceção é influenciada pelo conhecimento prévio e pelas expectativas. Por exemplo, a compreensão de uma frase envolve a utilização do contexto e de conhecimentos prévios para interpretar palavras individuais.

Atenção

A atenção é o processo cognitivo que consiste em concentrar-se seletivamente numa informação específica, ignorando outros estímulos. É crucial para o processamento eficiente da informação e pode ser classificada em diferentes tipos:

Atenção selectiva: Concentrar-se num estímulo específico e ignorar outros. Teorias como o Modelo de Filtro de Broadbent e o Modelo de Atenuação de Treisman explicam como funciona a atenção selectiva.

Atenção dividida: A capacidade de processar várias fontes de informação em simultâneo. Esta capacidade é frequentemente estudada através de experiências de dupla tarefa.

Atenção sustentada: Manter a concentração durante períodos prolongados. É essencial para tarefas que exigem uma monitorização contínua, como o controlo do tráfego aéreo.

Memória

A memória envolve a codificação, o armazenamento e a recuperação de informações. Pode ser dividida em vários tipos com base na duração e no conteúdo:

Memória sensorial: O armazenamento inicial e temporário de informações sensoriais, que dura apenas alguns segundos.

Memória de curto prazo (STM): retém a informação durante cerca de 20-30 segundos. A sua capacidade é limitada, normalmente cerca de 7±2 itens.

Memória de longo prazo (LTM): Armazena informação durante longos períodos de tempo, potencialmente durante toda a vida. A LTM divide-se ainda em memória explícita (declarativa), que inclui a memória episódica (experiências pessoais) e semântica (factos e conhecimentos), e memória implícita (não declarativa), que inclui a memória processual (competências e hábitos).

Língua

A linguagem é um processo cognitivo complexo que envolve a compreensão e a produção de comunicação oral e escrita. Os principais aspectos incluem:

Fonologia: O estudo dos sons na linguagem.

Morfologia: O estudo da formação e da estrutura das palavras.

Sintaxe: As regras de construção de frases.

Semântica: O significado das palavras e das frases.

Pragmática: O uso da linguagem em contextos sociais.

Os modelos de processamento da linguagem, como a Gramática Universal de Chomsky e o Modelo Conexionista, exploram a forma como a linguagem é aprendida e utilizada.

Resolução de problemas e tomada de decisões

A resolução de problemas envolve a identificação de um problema, a geração de soluções e a escolha da melhor. A tomada de decisão é o processo de seleção entre alternativas. As principais teorias e modelos incluem:

Heurística: Atalhos mentais que simplificam a tomada de decisões. Embora eficientes, podem conduzir a enviesamentos.

Abordagens algorítmicas: Procedimentos passo-a-passo que garantem uma solução, mas que podem ser demorados.

Teorias do duplo processo: Propõem que existem dois sistemas de pensamento: Sistema 1 (rápido, intuitivo) e Sistema 2 (lento, analítico).

Modelos Cognitivos

Os modelos cognitivos são representações formais dos processos cognitivos. São utilizados para prever comportamentos e testar teorias psicológicas. Os principais tipos incluem:

Modelos simbólicos: Representam o conhecimento através de símbolos e regras, semelhantes às linguagens de programação de computadores. O modelo ACT-R é um exemplo proeminente.

Modelos conexionistas (Redes Neuronais): Imitam a estrutura do cérebro, utilizando nós interligados (neurónios) que processam a informação simultaneamente. Estes modelos são excelentes no reconhecimento de padrões e na aprendizagem a partir de dados.

Modelos Bayesianos: Utilizam a probabilidade e a estatística para modelar processos cognitivos, particularmente úteis na perceção e na tomada de decisões.

Aplicações

A compreensão dos processos e modelos cognitivos tem aplicações práticas em vários domínios:

Educação: Os modelos cognitivos informam a conceção pedagógica, ajudando a desenvolver métodos de ensino que se alinham com a forma como os alunos aprendem e processam a informação.

Inteligência Artificial: Os sistemas de IA baseiam-se frequentemente em modelos cognitivos para emular o pensamento e a resolução de problemas semelhantes aos humanos.

Psicologia clínica: Os modelos cognitivos ajudam a diagnosticar e a tratar perturbações de saúde mental através da identificação de padrões cognitivos disfuncionais.

Interação Homem-Computador: Os conhecimentos sobre os processos cognitivos orientam a conceção de interfaces de fácil utilização e melhoram a experiência do utilizador.

Os processos e modelos cognitivos fornecem um quadro abrangente para compreender como os seres humanos pensam, percepcionam, recordam e resolvem problemas. Ao explorar estes modelos, os investigadores adquirem conhecimentos sobre o funcionamento intrincado da mente, conduzindo a avanços na tecnologia, na educação e na saúde mental. O estudo contínuo dos processos cognitivos promete melhorar a nossa compreensão da inteligência humana e informar o desenvolvimento de sistemas inteligentes.

Bases Neurais da Cognição

A base neural da cognição refere-se ao estudo da forma como os circuitos e estruturas neurais do cérebro dão origem a processos cognitivos como a perceção, a memória, a linguagem e a tomada de decisões. Este domínio interdisciplinar combina conhecimentos de neurociência, psicologia e ciência cognitiva para explorar as relações intrincadas entre a atividade cerebral e as funções mentais.

Neurónios e sinapses

As unidades fundamentais do cérebro são os neurónios, células especializadas que transmitem informações através de sinais eléctricos e químicos. Os neurónios comunicam através das sinapses, onde são libertados neurotransmissores para propagar sinais a outros neurónios. Esta atividade sináptica é a base da comunicação neural e está subjacente a todos os processos cognitivos.

Estrutura dos neurónios: Os neurónios são constituídos por um corpo celular (soma), dendritos (receptores de sinais) e um axónio (transmissor de sinais). Os terminais do axónio libertam neurotransmissores na sinapse.

Plasticidade sináptica: A capacidade das sinapses para se fortalecerem ou enfraquecerem ao longo do tempo, o que é crucial para a aprendizagem e a memória. A potenciação a longo prazo (LTP) e a depressão a longo prazo (LTD) são mecanismos-chave da plasticidade sináptica.

Regiões do cérebro e funções cognitivas

Diferentes regiões do cérebro são especializadas em várias funções cognitivas. Os avanços nas técnicas de neuroimagem, como a ressonância magnética funcional (fMRI) e a tomografia por emissão de positrões (PET), permitiram aos investigadores mapear estas funções em áreas específicas.

Lóbulo frontal: Associado a funções executivas, como a tomada de decisões, a resolução de problemas e o planeamento. O córtex pré-frontal, uma parte do lobo frontal, é crucial para os processos cognitivos de ordem superior.

Lóbulo parietal: Envolvido no processamento da informação sensorial e na orientação espacial. Desempenha um papel fundamental na integração das informações sensoriais para formar uma perceção coerente do ambiente.

Lóbulo Temporal: Importante para a memória e a linguagem. O hipocampo, localizado no lobo temporal, é essencial para a formação de novas memórias, enquanto a área de Wernicke está envolvida na compreensão da linguagem.

Lobo occipital: Centro primário de processamento visual. O córtex visual, localizado no lobo occipital, interpreta a informação visual dos olhos.

Redes Neurais e Funções Cognitivas

As funções cognitivas resultam das interacções dinâmicas das redes neuronais, grupos de neurónios interligados que trabalham em conjunto para realizar tarefas específicas.

Processamento visual: O sistema visual envolve uma rede complexa que processa diferentes aspectos da informação visual, como a cor, o movimento e a profundidade. Este processamento ocorre de forma hierárquica, começando no córtex visual primário (V1) e progredindo para áreas visuais de ordem superior.

Processamento da linguagem: A linguagem envolve múltiplas áreas cerebrais, incluindo a área de Broca (produção da fala) e a área de Wernicke (compreensão da fala). Estas regiões formam uma rede que facilita a compreensão e a produção da linguagem.

Redes de Memória: O hipocampo e as estruturas circundantes do lobo temporal medial são cruciais para a formação e recuperação de memórias. A consolidação da memória envolve a transferência de informação da memória de curto prazo para o armazenamento de longo prazo, um processo que depende das interacções das redes neuronais durante o sono.

Neurotransmissores e Cognição

Os neurotransmissores são mensageiros químicos que desempenham um papel vital na modulação das funções cognitivas. Diferentes neurotransmissores estão associados a processos cognitivos específicos:

Dopamina: Envolvida no processamento de recompensas, motivação e funções executivas. Níveis anormais de dopamina estão associados a perturbações como a doença de Parkinson e a esquizofrenia.

Serotonina: Regula o humor, o apetite e o sono. Também está implicada na aprendizagem e na memória. Os desequilíbrios da serotonina estão associados à depressão e à ansiedade.

Acetilcolina: Essencial para a atenção, a aprendizagem e a memória. Facilita a comunicação entre os neurónios e está envolvida na plasticidade. Na doença de Alzheimer, observa-se uma redução dos níveis de acetilcolina.

Glutamato e GABA: O glutamato é o principal neurotransmissor excitatório, enquanto o GABA é o principal neurotransmissor inibitório. O equilíbrio entre estes neurotransmissores é crucial para a estabilidade da rede neuronal e para as funções cognitivas.

Desenvolvimento e plasticidade

O cérebro sofre alterações significativas durante o desenvolvimento, moldando as suas capacidades cognitivas. A neuroplasticidade, a capacidade do cérebro de se reorganizar através da formação de novas ligações neuronais, é crucial para a aprendizagem e a adaptação ao longo da vida.

Fases de desenvolvimento: Durante a infância, o cérebro regista um crescimento rápido e uma poda sináptica, em que as ligações não utilizadas são eliminadas e as ligações importantes são reforçadas. A adolescência é marcada por uma maior maturação e refinamento dos circuitos neuronais.

Plasticidade dependente da experiência: A aprendizagem e as experiências ao longo da vida podem alterar os circuitos neuronais. Esta plasticidade está na base da aquisição de competências, da recuperação de lesões cerebrais e da adaptação a novos ambientes.

Avanços tecnológicos no estudo da cognição

Os avanços tecnológicos revolucionaram o estudo da base neural da cognição. As técnicas de neuroimagem e a modelação computacional proporcionam uma visão mais profunda do funcionamento do cérebro.

Neuroimagem funcional: Técnicas como a fMRI e a PET permitem aos investigadores visualizar a atividade cerebral em tempo real, revelando a forma como as diferentes regiões contribuem para os processos cognitivos.

Eletrofisiologia: Técnicas como a eletroencefalografia (EEG) e a magnetoencefalografia (MEG) medem a atividade eléctrica e magnética, respetivamente, proporcionando uma elevada resolução temporal dos eventos neurais.

Modelação computacional: A simulação de redes neuronais e de processos cognitivos ajuda a compreender funções cerebrais complexas e a prever os resultados de várias intervenções.

Implicações clínicas

A compreensão da base neural da cognição tem profundas implicações clínicas. Ajuda no diagnóstico e no tratamento de perturbações neurológicas e psiquiátricas.

Doenças neurodegenerativas: A compreensão da forma como as funções cognitivas são afectadas por doenças como a doença de Alzheimer e a doença de Parkinson ajuda a desenvolver terapias específicas.

Perturbações de saúde mental: A compreensão das bases neuronais de doenças como a depressão, a ansiedade e a esquizofrenia permite a criação de tratamentos mais eficazes.

Reabilitação de lesões cerebrais: O conhecimento da plasticidade neural orienta estratégias de reabilitação para indivíduos que recuperam de acidentes vasculares cerebrais e lesões cerebrais traumáticas.

A base neural da cognição é um domínio rico e complexo que faz a ponte entre a neurociência e a psicologia para desvendar os mistérios da mente humana. Ao explorar a forma como os circuitos neuronais e os neurotransmissores contribuem para os processos cognitivos, os investigadores podem desenvolver melhores tratamentos para doenças neurológicas, criar ferramentas educativas mais eficazes e melhorar os sistemas de inteligência artificial. O estudo contínuo dos mecanismos neuronais promete aprofundar a nossa compreensão da cognição e melhorar a qualidade de vida.

Teorias do desenvolvimento cognitivo e da aprendizagem

As teorias do desenvolvimento cognitivo e da aprendizagem exploram a forma como as pessoas adquirem, processam e retêm conhecimentos ao longo do tempo. Estas teorias fornecem um quadro para compreender como os indivíduos desenvolvem capacidades cognitivas desde a infância até à idade adulta. O desenvolvimento cognitivo centra-se nas alterações dos processos e capacidades cognitivas, enquanto as teorias da aprendizagem explicam como essas alterações ocorrem através de interacções com o ambiente.

Teoria do Desenvolvimento Cognitivo de Piaget

A teoria de Jean Piaget é uma das mais influentes na compreensão do desenvolvimento cognitivo. Propôs que as crianças passassem por quatro fases de desenvolvimento cognitivo, cada uma caracterizada por diferentes capacidades e formas de pensar.

Fase sensório-motora (do nascimento aos 2 anos): Os bebés aprendem sobre o mundo através dos seus sentidos e acções. As principais etapas incluem a permanência do objeto (compreensão de que os objectos continuam a existir mesmo quando estão fora da vista) e o desenvolvimento de capacidades motoras.

Fase pré-operacional (2 a 7 anos): As crianças começam a utilizar a linguagem e a pensar simbolicamente, mas o seu pensamento ainda é intuitivo e egocêntrico. Têm dificuldade em compreender outras perspectivas e o conceito de conservação (a ideia de que a quantidade permanece a mesma apesar das mudanças de forma ou aparência).

Fase Operacional Concreta (7 a 11 anos): As crianças desenvolvem o pensamento lógico e compreendem a conservação. Podem efetuar operações com objectos concretos e compreender conceitos como a reversibilidade e a classificação.

Fase Operacional Formal (a partir dos 12 anos): Os adolescentes desenvolvem o pensamento abstrato e o raciocínio hipotético. Conseguem resolver problemas complexos e pensar em conceitos abstractos como a justiça e a moralidade.

A teoria sociocultural de Vygotsky

Lev Vygotsky enfatizou as influências sociais e culturais no desenvolvimento cognitivo. Introduziu conceitos-chave como a Zona de Desenvolvimento Proximal (ZPD) e os andaimes.

Zona de Desenvolvimento Proximal (ZPD): A ZPD representa a gama de tarefas que uma criança pode realizar com a ajuda de um outro mais conhecedor (MKO), como um professor ou um colega. Destaca o potencial de desenvolvimento cognitivo através da interação social.

Andaimes: Os andaimes referem-se ao apoio fornecido pelo MKO para ajudar o formando a realizar tarefas no âmbito da ZPD. medida que as capacidades do aluno melhoram, o apoio é gradualmente retirado, permitindo que o aluno se torne mais independente.

Teoria do processamento da informação

A teoria do processamento da informação compara a cognição humana ao processamento informático. Centra-se na forma como a informação é codificada, armazenada e recuperada.

Atenção: O processo de concentração selectiva numa informação específica, ignorando outros estímulos. A atenção é crucial para a codificação da informação na memória.

Memória: Envolve diferentes fases, incluindo a memória sensorial, a memória de curto prazo e a memória de longo prazo. A teoria enfatiza a importância do ensaio e da organização na transferência de informações para a memória de longo prazo.

Função executiva: Refere-se a processos cognitivos de ordem superior que regulam o pensamento e o comportamento, como o planeamento, a tomada de decisões e a resolução de problemas.

Teorias de aprendizagem

As teorias da aprendizagem fornecem quadros de referência para compreender como os indivíduos adquirem novos conhecimentos e competências. As principais teorias incluem o behaviorismo, o cognitivismo e o construtivismo.

Behaviorismo: Enfatiza os comportamentos observáveis e o papel dos estímulos ambientais na formação do comportamento. As figuras-chave incluem Ivan Pavlov, John Watson e B.F. Skinner.

Condicionamento Clássico (Pavlov): Aprendizagem por associação, em que um estímulo neutro é associado a um estímulo significativo, provocando uma resposta condicionada.

Condicionamento operante (Skinner): Aprendizagem através de reforço e punição. O reforço positivo aumenta a probabilidade de um comportamento, enquanto a punição o diminui.

Cognitivismo: Centra-se nos processos mentais envolvidos na aprendizagem. Entre as figuras-chave contam-se Jean Piaget e Jerome Bruner.

Teoria da Carga Cognitiva: Sugere que a aprendizagem é afetada pela quantidade de esforço mental necessário. A redução da carga cognitiva externa pode melhorar a aprendizagem.

Teoria do esquema: Propõe que o conhecimento é organizado em esquemas, que são estruturas mentais que ajudam os indivíduos a entender e interpretar informações.

Construtivismo: Sublinha o papel ativo dos alunos na construção da sua própria compreensão. As figuras-chave incluem Lev Vygotsky e Jean Piaget.

Aprendizagem pela descoberta (Bruner): Encoraja os alunos a explorar e descobrir informação por si próprios, promovendo uma compreensão mais profunda.

Construtivismo social (Vygotsky): Destaca a importância da interação social e do contexto cultural na aprendizagem.

Aplicações na educação

A compreensão das teorias do desenvolvimento cognitivo e da aprendizagem tem implicações práticas para a educação.

Práticas adequadas ao desenvolvimento: Adaptar a instrução para corresponder à fase de desenvolvimento dos alunos. Por exemplo, utilizar materiais concretos e actividades práticas para as crianças mais novas e encorajar o pensamento abstrato para os alunos mais velhos.

Instrução diferenciada: Adaptação dos métodos de ensino para satisfazer as diversas necessidades dos alunos. Isto inclui fornecer apoio adicional (andaimes) aos alunos dentro da sua ZPD.

Aprendizagem ativa: Incentivar os alunos a participarem ativamente no processo de aprendizagem através da resolução de problemas, debates e actividades de colaboração. Isto está de acordo com os princípios construtivistas.

Utilização da tecnologia: Integrar a tecnologia para melhorar a aprendizagem. A teoria do processamento da informação sugere que as ferramentas multimédia e interactivas podem ajudar a gerir a carga cognitiva e facilitar uma aprendizagem mais profunda.

Desafios e direcções futuras

Apesar dos progressos registados na compreensão do desenvolvimento cognitivo e da aprendizagem, subsistem vários desafios.

Diferenças individuais: Os alunos variam nas suas capacidades cognitivas, estilos de aprendizagem e taxas de desenvolvimento. A investigação futura deve abordar estas diferenças individuais e desenvolver abordagens de aprendizagem personalizadas.

Contexto cultural: O desenvolvimento cognitivo é influenciado por factores culturais. É necessária mais investigação para compreender o impacto das diferenças culturais na aprendizagem e para desenvolver métodos de ensino que respondam às necessidades culturais.

Neurociência e Educação: Colmatar o fosso entre a neurociência cognitiva e a prática educativa. Compreender a base neural da aprendizagem pode contribuir para o desenvolvimento de estratégias de ensino mais eficazes.

As teorias do desenvolvimento cognitivo e da aprendizagem fornecem informações valiosas sobre a forma como os indivíduos adquirem, processam e retêm conhecimentos. Ao compreender estes processos, os educadores podem criar métodos de ensino mais eficazes que respondam às necessidades de desenvolvimento dos alunos. À medida que a investigação continua a evoluir, irá melhorar ainda mais a nossa compreensão do desenvolvimento cognitivo e da aprendizagem, conduzindo a melhores práticas e resultados educativos.

Neurociência cognitiva e IA

A neurociência cognitiva e a inteligência artificial (IA) são dois domínios em rápido avanço que se cruzam de forma fascinante. A neurociência cognitiva procura compreender os mecanismos neuronais subjacentes aos processos cognitivos, enquanto a IA tem como objetivo replicar ou simular aspectos da inteligência humana utilizando modelos computacionais. A convergência destas disciplinas é muito promissora para melhorar a nossa compreensão do cérebro e desenvolver sistemas de IA mais sofisticados.

Fundamentos da Neurociência Cognitiva

A neurociência cognitiva combina princípios da psicologia, neurociência e biologia para estudar o modo como o funcionamento do cérebro dá origem a processos mentais. As principais áreas de concentração incluem:

Técnicas de imagiologia do cérebro: Tecnologias como a ressonância magnética funcional (fMRI), a eletroencefalografia (EEG) e a magnetoencefalografia (MEG) permitem aos investigadores observar a atividade cerebral em tempo real. Estas técnicas permitem saber que regiões do cérebro estão envolvidas em tarefas cognitivas específicas.

Correlatos Neurais da Cognição: Identificar as bases neurais de processos cognitivos como a perceção, a memória, a atenção e a linguagem. Por exemplo, o hipocampo é crucial para a formação da memória, enquanto o córtex pré-frontal está envolvido nas funções executivas.

Inteligência Artificial: Uma visão geral

A IA envolve a criação de algoritmos e sistemas que podem efetuar tarefas que normalmente requerem inteligência humana. Os principais componentes da IA incluem:

Aprendizagem automática: Um subconjunto da IA em que os sistemas aprendem com os dados. Inclui técnicas como a aprendizagem supervisionada, a aprendizagem não supervisionada e a aprendizagem por reforço.

Redes neurais: Inspiradas na estrutura do cérebro, as redes neuronais são constituídas por nós interligados (neurónios) que processam informações em camadas. A aprendizagem profunda, um tipo de rede neural, tem sido particularmente bem sucedida em tarefas como o reconhecimento de imagens e de voz.

Processamento de linguagem natural (PNL): Permite que as máquinas compreendam e gerem linguagem humana. As técnicas de PNL são utilizadas em aplicações como chatbots, serviços de tradução e análise de sentimentos.

Intersecções da Neurociência Cognitiva e da IA

A intersecção entre a neurociência cognitiva e a IA é uma área de investigação dinâmica que oferece benefícios mútuos. A neurociência cognitiva fornece conhecimentos que informam os modelos de IA, enquanto a IA oferece ferramentas e técnicas que fazem avançar a investigação em neurociência cognitiva.

Modelação de processos cognitivos: A neurociência cognitiva está na base do desenvolvimento de modelos de IA que imitam os processos cognitivos humanos. Por exemplo, a compreensão da forma como o cérebro processa a informação visual levou à criação de redes neuronais convolucionais (CNN) que se destacam em tarefas de reconhecimento de imagens.

Mecanismos neurais na aprendizagem: Os conhecimentos sobre a forma como o cérebro aprende e se adapta inspiraram os algoritmos de aprendizagem automática. A aprendizagem hebbiana, que descreve a forma como os neurónios reforçam as suas ligações através da ativação repetida, influenciou a conceção de algoritmos de aprendizagem na IA.

Interfaces cérebro-computador (BCI): As BCI permitem a comunicação direta entre o cérebro e os dispositivos externos, tirando partido da IA para interpretar os sinais neurais. Esta tecnologia tem aplicações em próteses, neuroreabilitação e dispositivos de comunicação aumentativa.

Aplicações e inovações

A sinergia entre a neurociência cognitiva e a IA deu origem a inúmeras aplicações e inovações em vários domínios.

Cuidados de saúde: As ferramentas de diagnóstico baseadas em IA, informadas pela neurociência cognitiva, podem analisar imagens médicas, prever resultados de doenças e personalizar planos de tratamento. Os sistemas de IA também são utilizados nos cuidados de saúde mental para identificar padrões no discurso ou no comportamento que indicam condições psicológicas.

Educação: As tecnologias educativas baseadas em IA adaptam-se aos estilos de aprendizagem individuais e fornecem feedback personalizado. Os conhecimentos da neurociência cognitiva ajudam a conceber estes sistemas para se alinharem com a forma como o cérebro aprende.

Interação Humano-Computador (IHC): A compreensão dos processos cognitivos melhora a conceção das interfaces de utilizador e das técnicas de interação. Os sistemas de IA que antecipam as necessidades dos utilizadores e respondem intuitivamente melhoram a experiência global do utilizador.

Robótica: Os princípios da neurociência cognitiva orientam o desenvolvimento de robôs que podem perceber, aprender e interagir com o seu ambiente de uma forma semelhante à humana. Isto inclui robôs sociais que podem compreender e responder às emoções humanas.

Desafios e considerações éticas

Embora a integração da neurociência cognitiva e da IA seja muito promissora, apresenta também vários desafios e considerações éticas.

Complexidade do cérebro: A complexidade do cérebro torna difícil a criação de modelos exactos dos processos cognitivos. A simplificação destes processos para fins computacionais pode conduzir a modelos demasiado simplificados ou incompletos.

Privacidade e segurança dos dados: Os sistemas de IA, em especial os que envolvem dados neurais, suscitam preocupações relativamente à privacidade e segurança dos dados. É fundamental garantir a proteção das informações sensíveis.

Preconceito e equidade: Os sistemas de IA podem herdar preconceitos presentes nos seus dados de treino, conduzindo a resultados injustos ou discriminatórios. A neurociência cognitiva pode ajudar a identificar e atenuar estes enviesamentos, proporcionando uma compreensão mais profunda do comportamento humano.

Desenvolvimento ético da IA: É fundamental garantir que os sistemas de IA sejam desenvolvidos e utilizados de forma ética. Isto inclui considerações sobre a autonomia, o consentimento e o potencial impacto social das tecnologias de IA.

Direcções futuras

É provável que o futuro da neurociência cognitiva e da IA assista a uma integração e colaboração ainda maiores. Os principais domínios de investigação e desenvolvimento futuros incluem:

Descodificação e previsão neural: Técnicas avançadas para descodificar e prever estados cognitivos a partir da atividade neural. Isto tem aplicações em BCIs, neuroprotectores e na melhoria da nossa compreensão da consciência.

Investigação em Neurociência com recurso a IA: Utilizar a IA para analisar dados neurais complexos, identificar padrões e gerar novas hipóteses sobre o funcionamento do cérebro. A IA pode também ajudar a criar modelos mais exactos e abrangentes dos processos cognitivos.

Sistemas de neuro-IA: Desenvolver sistemas de IA que imitem de perto os processos neurais, conduzindo a uma inteligência mais semelhante à humana. Isto inclui a criação de IA que possa compreender e imitar as emoções, intenções e comportamentos sociais humanos.

A neurociência cognitiva e a IA estão a convergir de forma a melhorar a nossa compreensão do cérebro e a fazer avançar a inovação tecnológica. Ao tirar partido dos conhecimentos de ambos os domínios, os investigadores e os profissionais podem desenvolver sistemas de IA mais sofisticados e obter conhecimentos mais profundos sobre a cognição humana. A colaboração contínua entre a neurociência cognitiva e a IA promete impulsionar o progresso nos cuidados de saúde, na educação, na interação homem-computador e não só, conduzindo, em última análise, a uma melhor compreensão da mente humana e a máquinas mais inteligentes.

CAPÍTULO 3

Arquitecturas cognitivas e modelos de IA

Ashwani Kumar

Escola de Engenharia e Tecnologia

K. R. Mangalam University, Gurugram, Haryana, Índia

Gaurav Kansal

Escola de Engenharia

ABES(IT), Ghaziabad, Uttar Pradesh, Índia

Introdução

A IA simbólica e a modelação cognitiva são aspectos fundamentais da inteligência artificial que têm por objetivo reproduzir os processos cognitivos humanos através da utilização de símbolos e regras lógicas. Esta abordagem, frequentemente designada por "Good Old-Fashioned AI" (GOFAI), baseia-se em representações de conhecimentos de alto nível, legíveis por humanos, e numa metodologia clara e baseada em regras para resolver problemas e executar tarefas.

IA simbólica

A IA simbólica envolve a manipulação de símbolos e a aplicação de regras para imitar tarefas cognitivas. Os símbolos representam objectos, conceitos e relações, enquanto as regras ditam a forma como estes símbolos interagem. Os principais componentes da IA simbólica incluem:

Representação do conhecimento: Trata-se de codificar a informação sobre o mundo numa forma que um sistema informático pode utilizar para resolver tarefas complexas. Os métodos mais comuns incluem redes semânticas, quadros e ontologias. Cada método fornece uma forma estruturada de representar o conhecimento.

Mecanismos de inferência: Trata-se de métodos utilizados para obter novas informações a partir de conhecimentos existentes. A inferência pode ser dedutiva (tirando conclusões específicas a partir de regras gerais) ou indutiva (generalizando a partir de instâncias específicas). Os sistemas baseados em regras, como os sistemas periciais, utilizam extensivamente mecanismos de inferência.

Algoritmos de pesquisa: A IA simbólica baseia-se em algoritmos de pesquisa para navegar através de um espaço problemático e encontrar soluções. Os exemplos incluem a pesquisa em profundidade, a pesquisa em largura e as estratégias de pesquisa heurística como o A* e os algoritmos genéticos.

Modelação Cognitiva

A modelação cognitiva tem por objetivo criar modelos computacionais que simulem os processos cognitivos humanos. Estes modelos são utilizados para compreender e prever o comportamento humano e para desenvolver sistemas de IA que emulam a inteligência humana. As principais abordagens da modelação cognitiva incluem:

Sistemas de produção: Estes sistemas são constituídos por um conjunto de regras (produções) que especificam as acções a realizar quando se verificam determinadas condições. O modelo ACT-R (Adaptive Control of Thought-Rational) é um exemplo proeminente, simulando aspectos da cognição humana como a memória, a aprendizagem e a resolução de problemas.

Modelos simbólicos de aprendizagem: Estes modelos simulam a forma como os seres humanos aprendem novas informações. Por exemplo, a arquitetura cognitiva SOAR (State, Operator, And Result) modela a aprendizagem através de chunking, um processo em que os padrões frequentemente encontrados são armazenados como unidades para uma recuperação mais eficiente.

Arquitecturas Cognitivas: Trata-se de modelos abrangentes que integram vários processos cognitivos. O seu objetivo é fornecer uma teoria unificada da cognição. Os exemplos incluem os já referidos ACT-R e SOAR, bem como o CLARION (Connectionist Learning with Adaptive Rule Induction ON-line), que combina abordagens simbólicas e conexionistas.

Vantagens da IA Simbólica e da Modelação Cognitiva

Transparência: Os modelos de IA simbólica são altamente interpretáveis. Cada etapa do processo de raciocínio é explícita e compreensível, o que facilita a depuração e o aperfeiçoamento.

Generalização: As representações simbólicas podem ser aplicadas a uma vasta gama de problemas, desde jogos a diagnósticos médicos.

Integração com o conhecimento humano: A IA simbólica pode utilizar diretamente o conhecimento humano, o que a torna eficaz para tarefas que requerem uma vasta experiência no domínio.

Limitações da IA simbólica e da modelação cognitiva

Escalabilidade: A IA simbólica tem dificuldade em escalar para grandes problemas do mundo real devido à explosão combinatória de possíveis interacções de símbolos.

Flexibilidade: Os sistemas simbólicos são frequentemente rígidos e debatem-se com informações ambíguas ou incompletas. Requerem regras precisas e predefinidas para funcionarem eficazmente.

Aprendizagem: Os sistemas tradicionais de IA simbólica não têm a capacidade de aprender com os dados da mesma forma que os modelos conexionistas (como as redes neuronais). Requerem a atualização manual das regras e das bases de conhecimentos.

Aplicações da IA simbólica

Apesar das suas limitações, a IA simbólica tem encontrado aplicações bem sucedidas em vários domínios:

Sistemas periciais: Estes sistemas emulam as capacidades de tomada de decisão de peritos humanos. Exemplos incluem o MYCIN, um sistema de diagnóstico de infecções bacterianas, e o DENDRAL, um sistema de análise química.

Processamento de linguagem natural (PNL): Os métodos simbólicos são utilizados na análise sintáctica e semântica, permitindo às máquinas compreender e gerar linguagem humana.

Robótica: A IA simbólica pode ser utilizada para planeamento e raciocínio de alto nível em sistemas robóticos. Por exemplo, pode ajudar os robôs a navegar e a interagir com ambientes complexos utilizando regras e representações predefinidas.

Tendências actuais e direcções futuras

Embora as abordagens conexionistas (como a aprendizagem profunda) tenham ofuscado a IA simbólica nos últimos anos, há um interesse renovado na combinação de métodos simbólicos e conexionistas para tirar partido dos pontos fortes de ambos. Esta abordagem híbrida tem por objetivo criar sistemas de IA mais robustos e flexíveis.

Integração Neuro-Simbólica: Esta abordagem combina as capacidades de aprendizagem das redes neuronais com a interpretabilidade e o poder de raciocínio da IA simbólica. É promissora para criar uma IA capaz de aprender com os dados e raciocinar sobre conceitos complexos e abstractos.

IA explicável (XAI): A interpretabilidade da IA simbólica é uma vantagem fundamental no domínio crescente da IA explicável, que procura criar modelos cujas decisões possam ser compreendidas e merecer a confiança dos seres humanos.

Robótica cognitiva: A integração da IA simbólica na robótica visa criar robôs capazes de raciocinar sobre as suas acções, compreender o seu ambiente e interagir com os seres humanos de formas mais sofisticadas.

A IA simbólica e a modelação cognitiva constituem uma base fundamental para compreender e reproduzir a inteligência humana. Apesar dos seus desafios, estas abordagens oferecem conhecimentos valiosos sobre os processos cognitivos e têm aplicações práticas em sistemas especializados, processamento de linguagem natural e robótica. O futuro está nos sistemas híbridos que combinam os pontos fortes dos métodos simbólicos e conexionistas, prometendo soluções de IA mais poderosas e flexíveis.

Modelos conexionistas (redes neuronais)

Os modelos conexionistas, também conhecidos como redes neuronais, são uma pedra angular da inteligência artificial moderna. Estes modelos são inspirados na estrutura e no funcionamento do cérebro humano, utilizando nós interligados (neurónios) para processar e aprender com os dados. As redes neuronais são excelentes no reconhecimento de padrões e tornaram-se parte integrante de várias aplicações de IA, incluindo o reconhecimento de imagens e de voz, o processamento de linguagem natural e os sistemas autónomos.

Fundamentos das redes neurais

As redes neuronais são constituídas por camadas de nós interligados que imitam os neurónios do cérebro humano. Cada nó processa as entradas e transmite as informações a outros nós da rede.

Neurónios e sinapses: Os nós (neurónios) de uma rede neuronal estão ligados por ligações ponderadas (sinapses). Cada neurónio recebe entradas, processa-as e produz uma saída. A força das ligações (pesos) determina a influência de um neurónio sobre outro.

Funções de ativação: Estas funções determinam se um neurónio deve ser ativado (disparado). As funções de ativação comuns incluem sigmoide, tangente hiperbólica (tanh) e unidade linear retificada (ReLU). As funções de ativação introduzem a não-linearidade na rede, permitindo que ela aprenda padrões complexos.

Camadas: As redes neuronais são compostas por camadas de entrada, ocultas e de saída. A camada de entrada recebe os dados iniciais, as camadas ocultas processam a informação e a camada de saída produz o resultado final. As redes neuronais profundas têm várias camadas ocultas, o que lhes permite aprender representações hierárquicas dos dados.

Treinar redes neurais

O treinamento de uma rede neural envolve o ajuste dos pesos das conexões para minimizar o erro entre as saídas previstas e as reais. Esse processo normalmente inclui:

Propagação direta: Os dados passam pela rede camada por camada. Cada neurónio processa as entradas, aplica a função de ativação e envia a saída para a camada seguinte.

Função de perda: Esta função mede a diferença entre o resultado previsto e o resultado efetivo. As funções de perda comuns incluem o erro quadrático médio para tarefas de regressão e a entropia cruzada para tarefas de classificação.

Retropropagação: Este algoritmo ajusta os pesos para reduzir a perda. Calcula o gradiente da função de perda em relação a cada peso e actualiza os pesos na direção que minimiza a perda. Este processo envolve a regra da cadeia de cálculo e é efectuado iterativamente ao longo de várias épocas.

Tipos de redes neurais

Foram desenvolvidos vários tipos de redes neuronais para lidar com diferentes tipos de dados e tarefas:

Redes neurais feedforward: O tipo mais simples de rede neural em que os dados fluem numa só direção, da entrada para a saída. São normalmente utilizadas para tarefas de classificação e regressão.

Redes Neuronais Convolucionais (CNNs): Concebidas para o processamento de dados em grelha, como imagens. As CNNs utilizam camadas convolucionais para aprender automaticamente e de forma adaptativa hierarquias espaciais de características a partir de imagens de entrada. São altamente eficazes em tarefas de reconhecimento de imagem e vídeo.

Redes Neuronais Recorrentes (RNNs): Estas redes são adequadas para dados sequenciais, como séries temporais ou linguagem natural. As RNNs têm conexões que se repetem, permitindo que a informação persista. Variantes como a Memória de Longo Prazo (LSTM) e a Unidade Recorrente Fechada (GRU) abordam questões de dependências de longo prazo e gradientes que desaparecem.

Redes Adversariais Generativas (GANs): São compostas por duas redes, uma geradora e uma discriminadora, que competem entre si. As GANs são utilizadas para gerar dados sintéticos realistas, como imagens e áudio.

Aplicações das redes neuronais

As redes neuronais revolucionaram muitos domínios com a sua capacidade de aprender padrões complexos e fazer previsões exactas. As principais aplicações incluem:

Reconhecimento de imagens e vídeos: As CNN alcançaram um desempenho de ponta na classificação de imagens, deteção de objectos e análise de vídeo. São utilizadas no reconhecimento facial, imagiologia médica e veículos autónomos.

Processamento de linguagem natural (PNL): As RNNs e as suas variantes alimentam aplicações como a tradução automática, a análise de sentimentos e o reconhecimento de voz. Os modelos baseados em transformadores, como o BERT e o GPT, fizeram avançar ainda mais este domínio, permitindo uma formação mais eficiente e uma melhor compreensão do contexto.

Jogar jogos: As redes neuronais, em combinação com a aprendizagem por reforço, têm sido utilizadas para desenvolver agentes capazes de jogar jogos complexos como o Go e o xadrez a níveis sobre-humanos. O AlphaGo, desenvolvido pela DeepMind, é um exemplo notável.

Cuidados de saúde: As redes neuronais ajudam a diagnosticar doenças, a prever os resultados dos doentes e a personalizar os planos de tratamento. Analisam imagens médicas, dados genéticos e registos de saúde electrónicos para fornecer informações valiosas.

Finanças: As redes neuronais são utilizadas para negociação algorítmica, deteção de fraudes e pontuação de crédito. Analisam grandes volumes de dados financeiros para identificar padrões e fazer previsões.

Desafios e limitações

Apesar do seu sucesso, as redes neuronais enfrentam vários desafios e limitações:

Requisitos de dados: As redes neuronais requerem grandes quantidades de dados rotulados para treino. A aquisição e anotação desses dados pode ser dispendiosa e demorada.

Recursos computacionais: O treinamento de redes neurais profundas é computacionalmente intensivo, exigindo hardware poderoso, como GPUs e TPUs.

Interpretabilidade: As redes neuronais são frequentemente consideradas "caixas negras" devido às suas complexas representações internas. Compreender como tomam decisões e garantir a sua transparência é um desafio significativo.

Sobreajuste: As redes neuronais podem facilmente sobreajustar-se aos dados de treino, especialmente quando o modelo é demasiado complexo. As técnicas de regularização, como o abandono e o decaimento do peso, são utilizadas para atenuar o sobreajuste.

Direcções futuras

O campo das redes neuronais continua a evoluir, com a investigação em curso a procurar resolver as limitações actuais e a expandir as suas capacidades:

IA explicável (XAI): O desenvolvimento de métodos para interpretar e explicar as decisões das redes neuronais é crucial para criar confiança e responsabilidade. Estão a ser exploradas técnicas como mapas de saliência, mecanismos de atenção e abordagens agnósticas de modelos.

Aprendizagem de poucos exemplos e de zero exemplos: Reduzir a dependência de grandes conjuntos de dados rotulados, permitindo que as redes neuronais aprendam a partir de alguns exemplos ou mesmo sem dados rotulados. A meta-aprendizagem e a aprendizagem por transferência são abordagens promissoras neste domínio.

Computação neuromórfica: Conceber hardware que imite a arquitetura do cérebro para conseguir uma computação mais eficiente e poderosa. Os chips neuromórficos, como o Loihi da Intel e o TrueNorth da IBM, estão a ser desenvolvidos para apoiar esta visão.

Integração com outros paradigmas de IA: Combinação de redes neuronais com IA simbólica, aprendizagem por reforço e algoritmos evolutivos para criar sistemas de IA mais robustos e flexíveis.

Os modelos conexionistas, ou redes neuronais, tornaram-se um componente central da IA moderna, impulsionando os avanços em numerosas aplicações em diversos domínios. Apesar dos seus desafios, a investigação e as inovações em curso prometem melhorar as suas capacidades e resolver as suas limitações. O futuro das redes neuronais reside na criação de modelos mais interpretáveis, eficientes e adaptáveis, capazes de aprender com menos dados e de se integrarem perfeitamente noutros paradigmas de IA.

Arquitecturas Cognitivas Híbridas

As arquitecturas cognitivas híbridas combinam os pontos fortes das abordagens simbólicas e conexionistas para criar sistemas de IA mais robustos e flexíveis. Estas arquitecturas visam imitar a cognição humana, integrando o raciocínio simbólico de alto nível com a aprendizagem de baixo nível baseada em redes neuronais. Ao tirar partido das vantagens de ambos os paradigmas, as arquitecturas híbridas oferecem um quadro abrangente para o desenvolvimento de sistemas inteligentes que podem aprender com os dados, raciocinar sobre o conhecimento e adaptar-se a novas situações.

Abordagens Simbólicas vs. Conexionistas

Para compreender a motivação subjacente às arquitecturas cognitivas híbridas, é essencial comparar as abordagens simbólica e conexionista:

IA simbólica: Esta abordagem utiliza símbolos e regras lógicas para representar o conhecimento e resolver problemas. É excelente em tarefas que exigem raciocínio explícito e manipulação de conceitos abstractos. No entanto, tem dificuldade em aprender com os dados, em lidar com a incerteza e em adaptar-se a problemas grandes e complexos.

IA conexionista (redes neuronais): Esta abordagem modela os processos cognitivos utilizando nós interligados que aprendem padrões a partir dos dados. As redes neuronais são muito eficazes em tarefas de perceção, como o reconhecimento de imagens e de voz, mas carecem frequentemente de transparência e têm dificuldades em tarefas que exigem raciocínio explícito e representação de conhecimentos.

As arquitecturas cognitivas híbridas têm por objetivo combinar os pontos fortes de ambas as abordagens, resolvendo as suas limitações individuais e criando sistemas de IA mais versáteis.

Componentes das Arquitecturas Cognitivas Híbridas

As arquitecturas cognitivas híbridas são normalmente constituídas por vários componentes-chave que trabalham em conjunto para emular a cognição humana:

Camada simbólica: Esta camada trata do raciocínio de alto nível e da representação do conhecimento utilizando símbolos e regras lógicas. Pode incluir componentes como sistemas baseados em regras, sistemas periciais e planeamento simbólico.

Camada conexionista: Esta camada efectua a perceção de baixo nível e o reconhecimento de padrões utilizando redes neuronais. Pode incluir componentes como as redes neuronais convolucionais (CNN) para o processamento de imagens e as redes neuronais recorrentes (RNN) para dados sequenciais.

Mecanismos de integração: Estes mecanismos permitem a comunicação e a coordenação entre as camadas simbólica e conexionista. Garantem que a informação flui sem problemas entre as camadas, permitindo que o sistema tire partido dos pontos fortes de ambas as abordagens.

Exemplos de Arquitecturas Cognitivas Híbridas

Foram desenvolvidas várias arquitecturas cognitivas híbridas notáveis, cada uma com a sua própria abordagem à integração de componentes simbólicos e conexionistas:

ACT-R (Controlo Adaptativo do Pensamento-Racional): O ACT-R é uma arquitetura cognitiva que combina elementos simbólicos e conexionistas para modelar a cognição humana. Inclui um sistema de produção para o raciocínio simbólico e um conjunto de módulos que utilizam mecanismos semelhantes aos neuronais para a memória e a aprendizagem. A ACT-R tem sido utilizada para simular uma vasta gama de tarefas cognitivas, desde o processamento da linguagem à resolução de problemas.

SOAR: O SOAR é outra arquitetura cognitiva que integra componentes simbólicas e conexionistas. Utiliza um sistema baseado em regras para o raciocínio simbólico e um mecanismo de aprendizagem por reforço para se adaptar a novas situações. O SOAR tem sido aplicado a vários domínios, incluindo a robótica, o jogo e o processamento de linguagem natural.

CLARION (Aprendizagem conexionista com indução adaptativa de regras em linha): CLARION é uma arquitetura híbrida que combina um nível superior simbólico com um nível inferior conexionista. O nível superior utiliza regras simbólicas para o raciocínio de alto nível, enquanto o nível inferior utiliza redes neuronais para a aprendizagem de baixo nível. O CLARION tem sido utilizado para modelizar processos cognitivos como a aprendizagem, o raciocínio e a tomada de decisões.

Vantagens das Arquitecturas Cognitivas Híbridas

Flexibilidade: Ao combinar abordagens simbólicas e conexionistas, as arquitecturas híbridas podem lidar com uma vasta gama de tarefas, desde a perceção de baixo nível até ao raciocínio de alto nível.

Aprendizagem e adaptação: A camada conexionista permite que o sistema aprenda com os dados e se adapte a novas situações, enquanto a camada simbólica permite o raciocínio explícito e a manipulação de conceitos abstractos.

Escalabilidade: As arquitecturas híbridas podem ser escaladas para problemas grandes e complexos, aproveitando os pontos fortes de ambos os paradigmas. A camada conexionista pode lidar com grandes volumes de dados, enquanto a camada simbólica pode gerir tarefas de raciocínio complexas.

Desafios e limitações

Apesar das suas vantagens, as arquitecturas cognitivas híbridas enfrentam vários desafios:

Complexidade da integração: A integração perfeita de componentes simbólicos e conexionistas pode ser complexa e exige uma conceção cuidadosa para garantir uma comunicação e coordenação eficazes entre as camadas.

Recursos computacionais: As arquitecturas híbridas podem ser computacionalmente intensivas, uma vez que combinam as exigências de recursos das abordagens simbólica e conexionista.

Interpretabilidade: Enquanto a camada simbólica é tipicamente interpretável, a camada conexionista pode ser opaca. O equilíbrio entre transparência e desempenho continua a ser um desafio.

Aplicações das Arquitecturas Cognitivas Híbridas

As arquitecturas cognitivas híbridas têm sido aplicadas em vários domínios, demonstrando a sua versatilidade e eficácia:

Robótica: As arquitecturas híbridas permitem que os robôs percebam o seu ambiente, raciocinem sobre as suas acções e se adaptem a novas situações. Podem ser utilizadas na navegação autónoma, na interação homem-robô e no planeamento de tarefas.

Processamento de linguagem natural (PNL): As arquitecturas híbridas podem combinar os pontos fortes das abordagens simbólica e conexionista para compreender e gerar linguagem humana. Podem ser utilizadas em aplicações como a tradução automática, a resposta a perguntas e os sistemas de diálogo.

Cuidados de saúde: As arquitecturas híbridas podem ajudar a diagnosticar doenças, a prever os resultados dos doentes e a personalizar os planos de tratamento. Podem combinar conhecimentos baseados em dados de redes neuronais com raciocínio explícito de sistemas simbólicos.

Modelação cognitiva: As arquitecturas híbridas são utilizadas para simular e compreender os processos cognitivos humanos, fornecendo informações sobre a aprendizagem, a memória, o raciocínio e a tomada de decisões.

Direcções futuras

O domínio das arquitecturas cognitivas híbridas continua a evoluir, com investigação em curso destinada a enfrentar os desafios actuais e a expandir as suas capacidades:

Integração Neuro-Simbólica: Desenvolvimento de métodos mais eficazes para a integração de redes neuronais com sistemas de raciocínio simbólico, permitindo uma comunicação e coordenação sem descontinuidades entre as camadas.

IA explicável (XAI): Melhorar a interpretabilidade das arquitecturas híbridas, em especial a camada conexionista, para criar confiança e responsabilidade nos sistemas de IA.

Computação eficiente: Melhorar a eficiência computacional das arquitecturas híbridas, tirando partido dos avanços em hardware e técnicas de otimização.

Robótica cognitiva: Avançar na integração de arquitecturas híbridas com a robótica para criar robôs mais inteligentes e adaptáveis.

As arquitecturas cognitivas híbridas representam uma abordagem poderosa da IA, combinando os pontos fortes dos paradigmas simbólico e conexionista para criar sistemas versáteis e robustos. Ao integrar o raciocínio de alto nível com a aprendizagem de baixo nível, estas arquitecturas podem lidar com uma vasta gama de tarefas, desde a perceção à tomada de decisões. Embora subsistam desafios, a investigação e a inovação em curso prometem melhorar as capacidades e aplicações das arquitecturas cognitivas híbridas, impulsionando o futuro dos sistemas inteligentes.

Aplicações em sistemas de IA

Os sistemas de Inteligência Artificial (IA) tornaram-se parte integrante de vários aspectos da vida moderna, impulsionando a inovação e a eficiência em numerosos domínios. As aplicações dos sistemas de IA são vastas e vão desde os cuidados de saúde e as finanças até aos transportes e ao entretenimento. Este capítulo explora as diversas aplicações da IA, destacando a forma como os sistemas inteligentes estão a transformar as indústrias e a melhorar as experiências quotidianas.

Cuidados de saúde

A IA tem feito progressos significativos nos cuidados de saúde, revolucionando o diagnóstico, o tratamento e os cuidados dos doentes. As principais aplicações incluem:

Imagiologia médica: Os algoritmos de IA, em particular as redes neuronais convolucionais (CNN), são utilizados para analisar imagens médicas, como raios X, ressonâncias magnéticas e tomografias computorizadas. Ajudam os radiologistas a detetar doenças como o cancro, doenças cardiovasculares e perturbações neurológicas com elevada precisão. Os sistemas de IA podem identificar padrões e anomalias que podem ser difíceis de detetar pelo olho humano.

Análise preditiva: Os modelos de IA analisam grandes conjuntos de dados para prever os resultados dos pacientes, como a progressão da doença e a resposta ao tratamento. A análise preditiva ajuda os médicos a tomar decisões informadas, personalizar planos de tratamento e identificar pacientes em risco para intervenção precoce.

Assistentes de saúde virtuais: Os assistentes virtuais alimentados por IA prestam apoio aos pacientes 24 horas por dia, 7 dias por semana, respondendo a perguntas, marcando consultas e oferecendo aconselhamento médico. Estes assistentes utilizam o processamento de linguagem natural (PNL) para compreender e responder às questões dos pacientes, melhorando o acesso aos cuidados de saúde e reduzindo a carga sobre o pessoal médico.

Descoberta de medicamentos: A IA acelera o processo de descoberta de medicamentos, analisando grandes quantidades de dados biomédicos para identificar potenciais candidatos a medicamentos. Os algoritmos de aprendizagem automática prevêem a eficácia e a segurança de novos compostos, reduzindo o tempo e o custo de introdução de novos medicamentos no mercado.

Finanças

A IA está a transformar o sector financeiro, melhorando a tomada de decisões, melhorando as experiências dos clientes e aumentando a eficiência operacional. As principais aplicações incluem:

Negociação algorítmica: Os algoritmos de IA analisam os dados do mercado e executam transacções a alta velocidade, capitalizando as oportunidades do mercado. Estes sistemas utilizam a aprendizagem automática para identificar padrões e tendências, optimizando as estratégias de negociação para obter o máximo retorno.

Deteção de fraudes: Os sistemas de IA monitorizam as transacções financeiras em tempo real para detetar actividades fraudulentas. Os modelos de aprendizagem automática analisam padrões de transação, assinalando comportamentos suspeitos e reduzindo os falsos positivos. Isto aumenta a segurança e protege contra crimes financeiros.

Notação de crédito: A IA melhora a precisão dos modelos de pontuação de crédito ao incorporar uma gama mais alargada de fontes de dados e ao analisar dados não tradicionais. Isto permite uma avaliação mais exacta da capacidade de crédito, expandindo o acesso ao crédito para populações carenciadas.

Serviço ao cliente: Os chatbots e os assistentes virtuais alimentados por IA prestam apoio imediato aos clientes, respondendo a questões, resolvendo problemas e oferecendo aconselhamento financeiro. A PNL permite que estes sistemas compreendam e respondam eficazmente às questões dos clientes.

Transporte

A IA está a impulsionar a inovação nos transportes, melhorando a segurança, a eficiência e a conveniência. As principais aplicações incluem:

Veículos autónomos: Os sistemas de IA alimentam os veículos autónomos, permitindo-lhes navegar em ambientes complexos, reconhecer objectos e tomar decisões em tempo real. Os veículos autónomos têm o potencial de reduzir os acidentes, diminuir o congestionamento do tráfego e melhorar a mobilidade das pessoas com deficiência.

Gestão do tráfego: Os algoritmos de IA analisam os dados de tráfego para otimizar o fluxo de tráfego e reduzir o congestionamento. Os sistemas inteligentes de gestão do tráfego utilizam dados em tempo real de sensores e câmaras para ajustar os sinais de trânsito, gerir incidentes e fornecer recomendações de percursos.

Manutenção preditiva: Os sistemas de IA monitorizam o estado dos veículos e das infra-estruturas para prever as necessidades de manutenção. Ao analisar dados de sensores e registos históricos de manutenção, estes sistemas podem identificar potenciais falhas e programar a manutenção preventiva, reduzindo o tempo de inatividade e os custos.

Logística e cadeia de abastecimento: A IA optimiza as operações de logística e da cadeia de abastecimento, melhorando a previsão da procura, a gestão de inventário e o planeamento de rotas. Os modelos de aprendizagem automática analisam dados de várias fontes para melhorar a eficiência e a fiabilidade das redes da cadeia de abastecimento.

Entretenimento

A IA está a transformar a indústria do entretenimento, melhorando a criação de conteúdos, a personalização e as experiências dos utilizadores. As principais aplicações incluem:

Recomendação de conteúdo: Os algoritmos de IA analisam as preferências e o comportamento do utilizador para recomendar conteúdos personalizados, como filmes, música e artigos. Plataformas de streaming como a Netflix e o Spotify utilizam a IA para sugerir conteúdos que se alinham com os gostos individuais, aumentando o envolvimento e a satisfação dos utilizadores.

Criação de conteúdos: As ferramentas de IA ajudam na criação de conteúdos, como a escrita de guiões, a composição de música e a criação de obras de arte. Plataformas orientadas para a IA, como o GPT da OpenAI, podem produzir texto coerente, enquanto ferramentas como a AIVA criam composições musicais originais. Estas ferramentas expandem as possibilidades criativas e simplificam os processos de produção.

Jogos: A IA melhora as experiências de jogo ao criar personagens não-jogadores (NPCs) inteligentes que se adaptam ao comportamento do jogador. Os algoritmos de aprendizagem automática permitem que os

NPCs aprendam e evoluam, proporcionando uma jogabilidade mais dinâmica e desafiante. A IA é também utilizada na conceção e teste de jogos, melhorando a qualidade dos jogos e reduzindo o tempo de desenvolvimento.

Realidade virtual e aumentada: A IA potencia experiências imersivas em aplicações de realidade virtual e aumentada (VR/AR). Os algoritmos de IA melhoram os gráficos, acompanham os movimentos dos utilizadores e criam ambientes interactivos, proporcionando experiências realistas e envolventes.

Fabrico

A IA está a revolucionar o fabrico, melhorando a produtividade, a qualidade e a flexibilidade. As principais aplicações incluem:

Automação e robótica: Os robots alimentados por IA executam tarefas complexas com precisão e rapidez, aumentando a eficiência e reduzindo os erros humanos. Os robôs colaborativos (cobots) trabalham lado a lado com os humanos, aumentando a produtividade e a segurança em ambientes de fabrico.

Controlo de qualidade: Os sistemas de IA inspeccionam os produtos para detetar defeitos, garantindo uma elevada qualidade e consistência. Os algoritmos de visão artificial analisam imagens e vídeos para detetar falhas, enquanto a análise preditiva identifica potenciais problemas no processo de produção.

Otimização da cadeia de fornecimento: A IA optimiza as operações da cadeia de fornecimento, melhorando a previsão da procura, a gestão de inventário e o planeamento da produção. Os modelos de aprendizagem automática analisam dados de várias fontes para melhorar a eficiência e a fiabilidade das redes da cadeia de abastecimento.

Manutenção preditiva: Os sistemas de IA monitorizam o estado do equipamento e prevêem as necessidades de manutenção, reduzindo o tempo de inatividade e os custos. Ao analisar dados de sensores e registos históricos de manutenção, estes sistemas podem identificar potenciais falhas e programar a manutenção preventiva.

Educação

A IA está a transformar a educação, personalizando as experiências de aprendizagem, melhorando os métodos de ensino e melhorando a eficiência administrativa. As principais aplicações incluem:

Aprendizagem personalizada: As plataformas de aprendizagem adaptativa baseadas em IA adaptam o conteúdo educacional às necessidades individuais dos alunos e aos estilos de aprendizagem. Estes sistemas analisam os dados de desempenho dos alunos para fornecer recomendações personalizadas, melhorando os resultados da aprendizagem e o envolvimento.

Sistemas de tutoria inteligentes: Os sistemas de tutoria orientados para a IA fornecem instruções e feedback personalizados aos alunos. Estes sistemas utilizam a PNL para compreender as questões dos alunos e oferecer explicações, ajudando-os a compreender conceitos complexos e a melhorar as suas competências.

Eficiência administrativa: A IA automatiza as tarefas administrativas, como a classificação, a calendarização e a gestão das inscrições. Isto reduz o ónus dos educadores e administradores, permitindo-lhes concentrarem-se no ensino e no apoio aos alunos.

Análise preditiva: Os modelos de IA analisam os dados dos alunos para identificar alunos em risco e prever o desempenho académico. Isto permite uma intervenção e apoio precoces, melhorando a retenção dos alunos e as taxas de sucesso.

As aplicações dos sistemas de IA são vastas e diversificadas, transformando as indústrias e melhorando as experiências quotidianas. Dos cuidados de saúde e finanças aos transportes e entretenimento, a IA está a impulsionar a inovação, a melhorar a eficiência e a criar novas oportunidades. À medida que a tecnologia de IA continua a evoluir, o seu impacto só irá crescer, revolucionando ainda mais a forma como vivemos e trabalhamos. Ao compreender e aproveitar o potencial da IA, as organizações e os indivíduos podem desbloquear benefícios significativos e impulsionar o progresso em vários domínios.

CAPÍTULO 4

Perceção e atenção em sistemas de IA

Sudesh Singh

Departamento de Informática

NIET, Greater Noida, Uttar Pradesh, Índia

Ashwani Kumar

Escola de Engenharia e Tecnologia

K. R. Mangalam University, Gurugram, Haryana, Índia

Introdução

A perceção visual é o processo pelo qual os organismos interpretam e compreendem a informação visual do ambiente. Envolve mecanismos complexos no cérebro que processam os sinais de luz recebidos pelos olhos para criar representações do mundo. A visão artificial, por outro lado, refere-se à capacidade dos computadores para emular a perceção visual humana, permitindo-lhes analisar e interpretar dados visuais. Esta tecnologia é parte integrante de numerosas aplicações, desde veículos autónomos a diagnósticos médicos.

Perceção visual em seres humanos

A perceção visual humana começa com os olhos a captarem a luz reflectida pelos objectos. A retina converte esta luz em sinais neurais que viajam através do nervo ótico para o cérebro. Os principais processos incluem:

Receção: A luz entra no olho e é focada na retina.

Transdução: As células fotorreceptoras da retina (bastonetes e cones) convertem a luz em sinais eléctricos.

Transmissão: Estes sinais são enviados para o cérebro através do nervo ótico.

Processamento: O cérebro processa estes sinais no córtex visual, onde são interpretados como imagens.

O cérebro integra a informação visual com outras entradas sensoriais e conhecimentos prévios, permitindo o reconhecimento, a perceção de profundidade e a deteção de movimentos.

Visão artificial

Os sistemas de visão artificial pretendem reproduzir este processo utilizando câmaras e algoritmos computacionais. Os componentes fundamentais incluem:

Aquisição de imagens: As câmaras ou sensores captam dados visuais. Estes dados podem variar desde simples imagens 2D a complexas digitalizações 3D.

Pré-processamento: Os dados de imagem em bruto são processados para melhorar a qualidade, reduzir o ruído e preparar a análise. As técnicas incluem filtragem, deteção de margens e normalização.

Extração de características: As principais características, como arestas, texturas e formas, são identificadas e extraídas. Este passo envolve frequentemente algoritmos como o filtro Sobel, o detetor de arestas Canny e a Transformada de características invariantes de escala (SIFT).

Reconhecimento de objectos: Os sistemas de visão artificial utilizam modelos treinados em dados rotulados para reconhecer e classificar objectos nas imagens. As redes neuronais convolucionais (CNN) são particularmente eficazes para esta tarefa, pois são capazes de aprender características hierárquicas a partir dos dados.

Pós-processamento: Os resultados da etapa de reconhecimento são refinados e utilizados para tomar decisões ou fazer previsões. Isto pode envolver uma análise mais aprofundada, a combinação de resultados de várias imagens ou a interface com outros sistemas.

Aplicações da visão artificial

A visão artificial é utilizada numa grande variedade de domínios:

Automação industrial: Os sistemas de visão artificial inspeccionam os produtos quanto a defeitos, orientam os braços robóticos e automatizam os processos de controlo de qualidade.

Veículos autónomos: As câmaras e os sensores permitem que os veículos autónomos percebam o que os rodeia, identifiquem obstáculos e naveguem em segurança.

Cuidados de saúde: As tecnologias de imagiologia médica, como a ressonância magnética e a tomografia computorizada, utilizam a visão artificial para um diagnóstico e planeamento de tratamento precisos.

Segurança e vigilância: O reconhecimento facial e a análise do comportamento melhoram os sistemas de segurança e monitorizam os ambientes.

Agricultura: A visão artificial ajuda na monitorização de culturas, deteção de pragas e colheita automatizada.

Desafios da visão artificial

Apesar dos avanços, a visão artificial enfrenta vários desafios:

Variabilidade na iluminação: As alterações nas condições de iluminação podem afetar significativamente a qualidade da imagem e o desempenho do sistema.

Oclusões: Os objectos parcialmente ocultos por outros objectos podem ser difíceis de reconhecer pelos sistemas de visão artificial.

Fundos complexos: Distinguir objectos de fundos complexos ou desordenados continua a ser um desafio.

Custo computacional: As imagens de alta resolução e os algoritmos complexos requerem uma capacidade computacional e de armazenamento significativa.

Direcções futuras

A investigação em visão artificial está centrada na resposta a estes desafios e na expansão das capacidades:

Aprendizagem profunda: Os avanços contínuos na aprendizagem profunda, em particular nas arquitecturas CNN, estão a melhorar o reconhecimento de objectos e a análise de imagens.

Visão 3D: Desenvolvimento de tecnologias como LiDAR e luz estruturada para captar representações 3D pormenorizadas de ambientes.

Aprendizagem por transferência: Aproveitamento de modelos pré-treinados para melhorar o desempenho em novas tarefas com dados limitados.

Explicabilidade: Tornar os sistemas de visão artificial mais interpretáveis para criar confiança e garantir a transparência.

A perceção visual nos seres humanos e a visão artificial nos sistemas artificiais são processos complexos que envolvem a captura, o processamento e a interpretação de informações visuais. A visão artificial, inspirada na perceção humana, está a revolucionar várias indústrias ao permitir que os computadores vejam e compreendam o mundo visual. Apesar dos desafios, a investigação em curso e os avanços tecnológicos prometem melhorar ainda mais as capacidades e aplicações dos sistemas de visão artificial.

Perceção auditiva e reconhecimento de fala

A perceção auditiva é o processo pelo qual o cérebro interpreta as ondas sonoras recebidas pelos ouvidos, permitindo aos seres humanos reconhecer e compreender os sons, incluindo a fala. O reconhecimento do discurso, um subcampo da perceção auditiva, refere-se à capacidade das máquinas para identificar e processar o discurso humano. Esta tecnologia é fundamental em várias aplicações, desde assistentes virtuais a serviços de transcrição automática.

Perceção auditiva em seres humanos

O sistema auditivo humano converte as ondas sonoras em sinais neurais que o cérebro interpreta. As principais etapas incluem:

Receção de ondas sonoras: As ondas sonoras entram no canal auditivo e provocam a vibração do tímpano.

Transmissão: Estas vibrações são transmitidas através dos ossículos (pequenos ossos) no ouvido médio para a cóclea no ouvido interno.

Transdução: As células ciliadas da cóclea convertem as vibrações mecânicas em sinais eléctricos.

Processamento: Estes sinais viajam através do nervo auditivo para o cérebro, onde são processados no córtex auditivo.

O cérebro integra estes sinais para identificar sons, determinar a sua origem e compreender informações auditivas complexas, como a linguagem e a música.

Reconhecimento de voz

Os sistemas de reconhecimento da fala visam emular este processo, permitindo aos computadores converter a linguagem falada em texto ou acções. Os principais componentes incluem:

Captação de áudio: Os microfones captam as ondas sonoras e convertem-nas em sinais digitais.

Pré-processamento: A redução do ruído, a normalização e outras técnicas melhoram a qualidade do sinal de áudio.

Extração de características: São extraídas características-chave como o tom, o volume e as propriedades espectrais. Técnicas como os Coeficientes Cepstrais de Mel-Frequência (MFCCs) são normalmente utilizadas.

Modelação acústica: Envolve o mapeamento de características de áudio para unidades fonéticas (fonemas). Os modelos de Markov ocultos (HMM) e as redes neurais profundas (DNN) são frequentemente utilizados.

Modelação linguística: Estes modelos prevêem a probabilidade de sequências de palavras com base em regras e probabilidades linguísticas. As técnicas incluem n-gramas e redes neuronais recorrentes (RNNs).

Descodificação: Combinando modelos acústicos e linguísticos, o sistema descodifica o sinal de áudio em texto.

Aplicações do reconhecimento de voz

O reconhecimento do discurso é aplicado em vários domínios:

Assistentes virtuais: Sistemas como Siri, Alexa e Google Assistant utilizam o reconhecimento de voz para interagir com os utilizadores, responder a perguntas e executar tarefas.

Serviços de transcrição: A transcrição automatizada converte a linguagem falada em texto escrito, útil nos domínios jornalístico, jurídico e médico.

Acessibilidade: A tecnologia de conversão de voz em texto ajuda as pessoas com deficiências auditivas, fornecendo legendas e transcrições em tempo real.

Serviço ao cliente: Os sistemas de resposta interactiva de voz (IVR) e os chatbots utilizam o reconhecimento de voz para tratar as questões e o apoio ao cliente.

Desafios no reconhecimento de fala

Persistem vários desafios no desenvolvimento de sistemas de reconhecimento de voz eficazes:

Sotaques e dialectos: A variabilidade de sotaques, dialectos e padrões de discurso pode afetar a precisão.

Ruído de fundo: O ruído ambiente pode interferir com a captação e o processamento de áudio.

Homófonos: Palavras que soam semelhantes mas têm significados diferentes (por exemplo, "escrever" e "direito") podem causar confusão.

Compreensão contextual: A compreensão do contexto e da intenção subjacente às palavras faladas continua a ser um desafio.

Direcções futuras

Os avanços na investigação sobre o reconhecimento do discurso têm como objetivo ultrapassar estes desafios:

Aprendizagem profunda: As arquitecturas de redes neuronais melhoradas, como os transformadores, estão a melhorar a precisão e a robustez.

Modelos de ponta a ponta: Estes modelos simplificam o processo de reconhecimento, mapeando diretamente a entrada de áudio para a saída de texto sem passos intermédios.

Integração multimodal: Combinar o reconhecimento da fala com outras entradas sensoriais, como pistas visuais, para melhorar a compreensão e o contexto.

Personalização: Desenvolver sistemas que se adaptem aos padrões de fala, preferências e contextos de cada utilizador.

A perceção auditiva e o reconhecimento do discurso são processos complexos que permitem aos seres humanos e às máquinas compreender e processar sons e discurso. A tecnologia de reconhecimento da fala está a transformar numerosas aplicações, tornando a interação homem-computador mais natural e eficiente. Apesar dos desafios actuais, a investigação contínua e os avanços tecnológicos estão a melhorar a precisão, a robustez e a versatilidade dos sistemas de reconhecimento da fala.

Mecanismos de atenção em IA

Os mecanismos de atenção na inteligência artificial (IA) são inspirados no processo cognitivo humano de concentração selectiva em informação relevante, ignorando detalhes irrelevantes. Na IA, os mecanismos de atenção melhoram o desempenho das redes neuronais, nomeadamente em tarefas que envolvem dados sequenciais, como o processamento de línguas, o reconhecimento de imagens e a tradução automática.

Princípios dos mecanismos de atenção

Os mecanismos de atenção permitem que as redes neuronais dêem prioridade a certas partes dos dados de entrada, melhorando a sua capacidade de lidar com tarefas complexas. Os princípios fundamentais incluem:

Foco seletivo: A capacidade de se concentrar em partes relevantes dos dados de entrada, semelhante à forma como os humanos se concentram em elementos específicos de uma cena ou frase.

Ponderação dinâmica: Atribuição de pesos diferentes a diferentes partes da entrada com base na sua relevância para a tarefa em causa.

Compreensão contextual: Utilizar o contexto para determinar que partes da entrada são mais importantes, permitindo um processamento mais preciso e diferenciado.

Tipos de mecanismos de atenção

Foram desenvolvidos vários tipos de mecanismos de atenção, cada um com características e aplicações únicas:

Atenção suave: Este mecanismo atribui um peso a cada parte da entrada, permitindo que o modelo se concentre em várias partes relevantes simultaneamente. Os pesos são normalmente normalizados para somar um, garantindo que toda a entrada contribui para a saída final.

Atenção dura: Ao contrário da atenção suave, a atenção dura selecciona uma única parte da entrada para se concentrar. Esta abordagem é mais eficiente do ponto de vista computacional, mas pode ser mais difícil de treinar devido à sua natureza discreta.

Auto-atenção: Também conhecido como intra-atenção, este mecanismo permite que um modelo considere diferentes partes da mesma entrada em relação umas às outras. É amplamente utilizado em arquitecturas de transformadores, onde permite ao modelo captar dependências entre palavras numa frase, independentemente da sua posição.

Atenção global vs. atenção local: A atenção global considera toda a entrada, enquanto a atenção local se concentra numa janela ou segmento específico. A atenção local é particularmente útil em tarefas em que o contexto é limitado a elementos próximos.

Aplicações dos mecanismos de atenção

Os mecanismos de atenção revolucionaram vários domínios da IA:

Processamento de linguagem natural (PNL): Os mecanismos de atenção são parte integrante de modelos como o Transformer, que alimenta aplicações de PNL de última geração. Permitem tarefas como a tradução automática, o resumo de texto e a resposta a perguntas, permitindo que os modelos se concentrem em palavras e frases relevantes.

Reconhecimento de imagens: Na visão computacional, os mecanismos de atenção ajudam os modelos a identificar regiões importantes nas imagens, melhorando a deteção de objectos e a legendagem de imagens. Por exemplo, os modelos baseados na atenção podem concentrar-se nas partes mais salientes de uma imagem quando geram legendas descritivas.

Tradução automática: Os mecanismos de atenção permitem que os modelos de tradução alinhem palavras nas línguas de partida e de chegada, melhorando a precisão e a fluência da tradução. Permitem que o modelo se concentre em partes relevantes da frase de partida ao gerar cada palavra da frase de chegada.

Reconhecimento do discurso: Os mecanismos de atenção melhoram o desempenho dos sistemas de reconhecimento de voz, concentrando-se em segmentos relevantes da entrada de áudio, melhorando a precisão da transcrição, especialmente em ambientes ruidosos.

Desafios e direcções futuras

Embora os mecanismos de atenção tenham feito avançar significativamente a IA, subsistem vários desafios:

Complexidade computacional: Os mecanismos de atenção, especialmente em modelos de grandes dimensões, podem ser computacionalmente intensivos, exigindo um poder de processamento e uma memória significativos.

Interpretabilidade: Compreender como e porquê os mecanismos de atenção atribuem pesos pode ser um desafio, dificultando a interpretação das decisões do modelo.

Escalabilidade: A aplicação de mecanismos de atenção a conjuntos de dados muito grandes ou a entradas com elevada dimensionalidade pode ser difícil.

A investigação futura visa dar resposta a estes desafios:

Modelos de atenção eficientes: Desenvolvimento de mecanismos de atenção mais eficientes que reduzam a complexidade computacional, mantendo o desempenho.

Mecanismos de atenção interpretáveis: Criar modelos que forneçam pesos de atenção mais transparentes e interpretáveis, aumentando a confiança e a compreensão.

Soluções escaláveis: Conceber mecanismos de atenção que possam ser escalados para tratar eficazmente conjuntos de dados maiores e entradas mais complexas.

Os mecanismos de atenção transformaram a inteligência artificial ao permitirem que os modelos se concentrem em informações relevantes, melhorando o desempenho em várias tarefas. Da PNL ao reconhecimento de imagens, os mecanismos de atenção aumentam a capacidade dos sistemas de IA para compreender e processar dados complexos. Apesar dos desafios actuais, os avanços nos mecanismos de atenção prometem melhorar ainda mais as capacidades e aplicações da IA.

Perceção e integração multimodal

A perceção e integração multimodais referem-se à capacidade dos sistemas para processar e combinar informações de múltiplas modalidades sensoriais, como a visão, a audição e o tato. Esta capacidade é crucial para o desenvolvimento de sistemas de IA que possam compreender e interagir com o mundo de uma forma mais humana e abrangente.

Princípios da perceção multimodal

A perceção multimodal envolve vários princípios fundamentais:

Complementaridade: As diferentes modalidades fornecem informações complementares, melhorando a compreensão global do sistema. Por exemplo, a combinação de dados visuais e auditivos pode fornecer um contexto mais rico do que qualquer uma das modalidades isoladamente.

Redundância: As modalidades múltiplas podem oferecer informações redundantes, aumentando a robustez e a fiabilidade. Se uma modalidade falhar ou sofrer ruído, as outras podem compensar.

Sincronização temporal: A sincronização de dados de diferentes modalidades no tempo é crucial para uma integração e interpretação exactas.

Integração contextual: Compreender o contexto em que as diferentes modalidades interagem ajuda a tomar decisões e a fazer previsões mais informadas.

Técnicas de integração multimodal

São utilizadas várias técnicas para conseguir uma integração multimodal eficaz:

Fusão ao nível das características: Combinação de características extraídas de diferentes modalidades numa representação unificada. Esta abordagem pode aumentar a riqueza e a robustez dos dados utilizados para o processamento subsequente.

Fusão ao nível da decisão: Integração de decisões ou previsões efectuadas por sistemas unimodais separados. Isto pode envolver esquemas de votação, médias ponderadas ou algoritmos de tomada de decisão mais complexos.

Fusão intermédia: Combinação de representações intermédias de diferentes modalidades antes de tomar uma decisão final. Esta abordagem estabelece um equilíbrio entre a fusão a nível das características e a nível da decisão.

Mecanismos de atenção: Aplicação de mecanismos de atenção para se concentrar em partes relevantes de cada modalidade, melhorando o processo de integração e o desempenho global.

Aplicações da perceção multimodal

A perceção e a integração multimodais são aplicadas em vários domínios:

Interação Homem-Computador (IHC): Melhoria das interacções através da combinação de voz, gestos e entradas visuais. Por exemplo, os assistentes virtuais que conseguem compreender comandos falados, reconhecer gestos e interpretar expressões faciais proporcionam uma comunicação mais natural e eficaz.

Veículos autónomos: Integração de dados de câmaras, LiDAR, radar e outros sensores para perceber e navegar no ambiente em segurança. Esta abordagem multimodal melhora a capacidade do veículo para detetar e responder a várias condições da estrada e obstáculos.

Cuidados de saúde: Combinação de imagens médicas, registos de pacientes e dados de sensores para melhorar o diagnóstico e o planeamento do tratamento. A integração multimodal pode aumentar a precisão da deteção de doenças e fornecer uma visão mais abrangente da saúde de um paciente.

Vigilância e segurança: Utilização de vídeo, áudio e outros dados de sensores para monitorizar ambientes e detetar anomalias. Os sistemas multimodais podem melhorar a precisão da deteção de ameaças e reforçar as medidas de segurança.

Entretenimento: Melhorar as experiências de realidade virtual (RV) e de realidade aumentada (RA) através da integração de feedback visual, auditivo e háptico. Isto cria experiências mais imersivas e envolventes para os utilizadores.

Desafios da integração multimodal

Apesar do seu potencial, a integração multimodal enfrenta vários desafios:

Alinhamento de dados: Garantir que os dados de diferentes modalidades estão alinhados temporal e espacialmente é complexo, mas fundamental para uma integração exacta.

Dados heterogéneos: As diferentes modalidades têm muitas vezes formatos, resoluções e características de ruído diferentes, o que complica o processo de integração.

Complexidade computacional: O processamento e a integração de dados de múltiplas modalidades requerem recursos computacionais significativos.

Privacidade dos dados: A combinação de dados de várias fontes suscita preocupações quanto à privacidade e segurança dos dados, especialmente em aplicações sensíveis como os cuidados de saúde.

Direcções futuras

A investigação futura visa dar resposta a estes desafios e expandir as capacidades dos sistemas multimodais:

Técnicas de fusão avançadas: Desenvolvimento de métodos mais sofisticados para a fusão ao nível das características, ao nível da decisão e ao nível intermédio para melhorar a precisão e a eficiência da integração.

Processamento em tempo real: Melhorar a capacidade dos sistemas multimodais para processar e integrar dados em tempo real, crucial para aplicações como a condução autónoma e a vigilância em tempo real.

Escalabilidade: Conceção de sistemas multimodais escaláveis que possam lidar com quantidades crescentes de dados e complexidade.

Considerações éticas: Abordar questões éticas relacionadas com a privacidade e a segurança dos dados, garantindo que os sistemas multimodais são desenvolvidos e utilizados de forma responsável.

A perceção e integração multimodais permitem que os sistemas de IA processem e combinem informações de múltiplas modalidades sensoriais, melhorando a sua capacidade de compreender e interagir com o mundo. Ao tirar partido de informações complementares e redundantes de diferentes modalidades, estes sistemas podem obter um desempenho mais exato e robusto. Apesar dos desafios, os avanços nas técnicas de integração multimodal prometem melhorar ainda mais as capacidades e aplicações da IA em vários domínios.

CAPÍTULO 5

Memória e aprendizagem na IA

Amit Bansal

Departamento de Informática

Dayal Singh College, Universidade de Deli, Deli, Índia

Ashwani Kumar

Escola de Engenharia e Tecnologia

K. R. Mangalam University, Gurugram, Haryana, Índia

Introdução

Os sistemas de memória são essenciais tanto para os organismos biológicos como para os sistemas de inteligência artificial, permitindo-lhes armazenar, reter e recuperar informações. Na psicologia cognitiva e na IA, a memória é classificada em diferentes tipos com base na duração, capacidade e função. A compreensão destes tipos ajuda a conceber sistemas de IA que imitam capacidades de memória semelhantes às humanas.

Tipos de memória

Memória sensorial: A memória sensorial é a fase inicial da memória em que a informação sensorial do ambiente é brevemente registada e armazenada.

Duração: Muito breve, variando de milissegundos a segundos.

Capacidade: Grande capacidade, mas limitada às impressões sensoriais (por exemplo, visuais, auditivas).

Função: Permite a retenção de informação sensorial durante tempo suficiente para processamento posterior.

Exemplo: A memória icónica (visual) e a memória ecóica (auditiva) são formas de memória sensorial que retêm os estímulos sensoriais pouco tempo após a sua apresentação.

Memória de Curto Prazo (STM): A STM guarda informação que está a ser utilizada para tarefas imediatas e é mais acessível do que a memória sensorial.

Duração: Dura cerca de 15-30 segundos sem ensaio.

Capacidade: Capacidade limitada, normalmente em torno de 7 ± 2 itens (lei de Miller).

Função: Permite o armazenamento temporário e a manipulação da informação necessária para as tarefas cognitivas em curso.

Exemplo: Lembrar-se de um número de telefone apenas o tempo suficiente para o marcar.

Memória de trabalho: A memória de trabalho é uma versão mais dinâmica do STM, envolvendo o processamento ativo de informação.

Duração: É capaz de reter informações durante cerca de 10-15 segundos sem ensaio.

Capacidade: Capacidade limitada, tal como a STM, mas centrada na manipulação ativa da informação.

Função: Integra a informação do STM com a informação da memória de longo prazo e permite a tomada de decisões e a resolução de problemas.

Exemplo: A aritmética mental consiste em manter os números na memória de trabalho enquanto se efectuam os cálculos.

Memória de Longo Prazo (LTM): A LTM armazena informação durante longos períodos de tempo, potencialmente indefinidamente, com a capacidade de armazenar grandes quantidades de informação.

Duração: A informação pode ser armazenada indefinidamente, embora a sua recuperação possa variar em termos de facilidade.

Capacidade: Praticamente ilimitada.

Função: Armazena conhecimentos, experiências e competências acumuladas ao longo da vida e constitui a base da perícia e das capacidades cognitivas.

Exemplo: Recordação de acontecimentos da infância ou conhecimento de factos históricos.

Memória episódica: A memória episódica armazena eventos vividos pessoalmente e os seus contextos, permitindo que os indivíduos se lembrem de episódios ou eventos específicos.

Duração: A longo prazo, podendo durar toda a vida.

Capacidade: Armazena eventos específicos e os respectivos detalhes.

Função: Apoia a memória autobiográfica e a capacidade de viajar mentalmente no tempo para reviver experiências passadas.

Exemplo: Recordar uma festa de aniversário específica ou umas férias em família.

Memória semântica: A memória semântica armazena conhecimentos gerais e factos sobre o mundo, independentemente das experiências pessoais.

Duração: Longo prazo, com armazenamento relativamente permanente.

Capacidade: Armazena factos, conceitos e significados.

Função: É a base da compreensão da linguagem, do raciocínio e da compreensão do mundo.

Exemplo: Saber que Paris é a capital de França ou compreender o conceito de gravidade.

Integração de sistemas de memória na IA

Na IA, imitar estes sistemas de memória é crucial para desenvolver sistemas inteligentes capazes de aprender, raciocinar e tomar decisões. Por exemplo:

Os equivalentes da memória de curto prazo (STM) e da memória de trabalho permitem aos sistemas de IA reter e manipular informações durante tarefas como o processamento de linguagem ou a resolução de problemas.

A memória de longo prazo (LTM) permite aos sistemas de IA acumular conhecimentos e aprender com experiências passadas, melhorando o desempenho ao longo do tempo.

A memória episódica pode ajudar os sistemas de IA, permitindo-lhes recordar sequências de eventos ou interacções, o que é útil em aplicações que exigem consciência do contexto.

A memória semântica apoia os sistemas de IA na compreensão de conceitos, relações e significados, essenciais para a compreensão da linguagem natural e do conhecimento geral.

A compreensão destes sistemas de memória ajuda a conceber arquitecturas de IA que tiram partido da memória de forma eficaz, melhorando as suas capacidades cognitivas e comportamentos adaptativos em vários domínios.

Mecanismos de aprendizagem em IA

Os mecanismos de aprendizagem em IA referem-se aos métodos e algoritmos através dos quais os sistemas artificiais adquirem conhecimentos, melhoram o desempenho e se adaptam a novas informações. Estes mecanismos inspiram-se nas teorias da psicologia cognitiva da aprendizagem humana, como o condicionamento clássico, o condicionamento operante e a aprendizagem observacional. A compreensão destes mecanismos é crucial para o desenvolvimento de sistemas de IA capazes de aprender de forma autónoma e contínua.

Tipos de mecanismos de aprendizagem

Aprendizagem supervisionada: A aprendizagem supervisionada envolve o treino de modelos de IA em dados rotulados, em que os resultados correctos são fornecidos durante o treino.

Processo: O modelo aprende a mapear as entradas para as saídas, minimizando o erro entre as saídas previstas e as reais.

Aplicações: Utilizado em tarefas como a classificação de imagens, o reconhecimento de voz e a análise de sentimentos.

Exemplo: Treinar um modelo para classificar imagens de gatos e cães com base em dados de treino rotulados.

Aprendizagem não supervisionada: A aprendizagem não supervisionada envolve o treino de modelos de IA em dados não rotulados, em que o objetivo é descobrir padrões, estruturas ou relações nos dados.

Processo: O modelo identifica estruturas inerentes ou clusters nos dados sem rótulos predefinidos.

Aplicações: Utilizado em tarefas como o agrupamento, a deteção de anomalias e a redução da dimensionalidade.

Exemplo: Agrupamento de clientes com base no seu comportamento de compra sem conhecimento prévio dos segmentos de clientes.

Aprendizagem por reforço: A aprendizagem por reforço implica que um agente aprenda a tomar decisões interagindo com um ambiente e recebendo feedback sob a forma de recompensas ou penalizações.

Processo: O agente aprende acções óptimas através de tentativa e erro, com o objetivo de maximizar as recompensas acumuladas ao longo do tempo.

Aplicações: Utilizado em tarefas como jogos, robótica e navegação autónoma.

Exemplo: Treinar um robô para navegar através de um labirinto, recompensando os movimentos bem sucedidos e penalizando as colisões.

Aprendizagem por transferência: A aprendizagem por transferência consiste em aproveitar os conhecimentos adquiridos numa tarefa para melhorar a aprendizagem ou o desempenho numa tarefa diferente mas relacionada.

Processo: Os modelos pré-treinados ou o conhecimento das tarefas de origem são adaptados ou aperfeiçoados para tarefas de destino com dados rotulados limitados.

Aplicações: Utilizado em domínios em que os dados rotulados são escassos ou as tarefas partilham características comuns.

Exemplo: Utilizar um modelo linguístico pré-treinado para análise de sentimentos e afiná-lo em dados específicos do domínio.

Integração com a Psicologia Cognitiva

Os mecanismos de aprendizagem da IA estabelecem paralelos com as teorias da psicologia cognitiva:

A aprendizagem supervisionada alinha-se com as teorias do condicionamento clássico, em que as associações entre estímulos (inputs) e respostas (outputs) são aprendidas através da exposição repetida.

A aprendizagem não supervisionada é semelhante às teorias da aprendizagem cognitiva, em que os indivíduos descobrem e categorizam informações com base em padrões inerentes ao ambiente.

A aprendizagem por reforço reflecte os princípios do condicionamento operante, em que os comportamentos (acções) são reforçados ou punidos com base nas suas consequências, moldando o comportamento futuro.

A aprendizagem por transferência está relacionada com as teorias de transferência e generalização de conhecimentos na psicologia cognitiva, em que os conhecimentos prévios influenciam a aprendizagem e o desempenho em novas tarefas.

Desafios e avanços

Desafios: Ultrapassar questões como a escassez de dados, a adaptação ao domínio e o enviesamento dos dados de formação.

Avanços: Incorporação de arquitecturas de aprendizagem profunda, técnicas de meta-aprendizagem e modelos híbridos para melhorar a eficiência e a generalização da aprendizagem.

A compreensão destes mecanismos de aprendizagem permite o desenvolvimento de sistemas de IA que aprendem de forma autónoma, se adaptam a novas tarefas e têm um desempenho eficaz em diversos domínios.

Aprendizagem por transferência e psicologia cognitiva

A aprendizagem por transferência é uma técnica de aprendizagem automática em que o conhecimento adquirido com a resolução de um problema é aplicado a um problema relacionado, mas diferente. Este conceito estabelece paralelismos com a psicologia cognitiva, nomeadamente com as teorias da aprendizagem, da memória e da transferência de conhecimentos. Compreender a aprendizagem por transferência numa perspetiva de psicologia cognitiva permite compreender como os seres humanos generalizam conhecimentos e competências em diferentes contextos.

Aprendizagem por transferência na aprendizagem automática

Definição: A aprendizagem por transferência consiste em utilizar os conhecimentos ou as representações adquiridos numa tarefa (domínio de origem) para melhorar a aprendizagem ou o desempenho numa tarefa relacionada (domínio de destino).

Tipos de transferência

Transferência indutiva: Aplicação de conhecimentos ou competências adquiridos num contexto a um contexto novo mas relacionado.

Transferência baseada em analogias: Utilização de analogias ou semelhanças entre as tarefas de origem e de destino para orientar a aprendizagem e a resolução de problemas.

Transferência relacional: Transferência de conhecimentos ou regras relacionais aprendidos num domínio para um domínio diferente com estruturas relacionais semelhantes.

Métodos de aprendizagem por transferência:

Afinação: Adaptação de modelos ou representações pré-treinados de uma tarefa de origem a uma tarefa de destino, actualizando os parâmetros com dados do domínio de destino.

Extração de características: Utilização de características aprendidas numa tarefa de origem como entrada para treinar um novo modelo para a tarefa de destino.

Adaptação do domínio: Ajustar os parâmetros do modelo para ter em conta as diferenças nas distribuições de dados entre os domínios de origem e de destino.

Perspectivas da Psicologia Cognitiva

Generalização e abstração

Os seres humanos generalizam o conhecimento extraindo características ou padrões comuns em diferentes experiências, à semelhança da extração de características na aprendizagem por transferência.

Os esquemas cognitivos e os modelos mentais facilitam a aplicação de conhecimentos de um contexto a novas situações, apoiando a transferência por analogia.

Aprendizagem e consolidação da memória:

Os processos de consolidação da memória na psicologia cognitiva envolvem a estabilização e a integração de novas informações em redes de conhecimento existentes, facilitando a transferência e a recuperação.

A aprendizagem por transferência beneficia de representações de conhecimento consolidadas que são robustas e generalizáveis entre tarefas.

Metacognição e estratégias de transferência:

As estratégias metacognitivas em psicologia cognitiva envolvem o planeamento, a monitorização e a avaliação dos processos de aprendizagem. A aprendizagem por transferência eficaz na IA pode beneficiar da consciência metacognitiva e de estratégias que optimizem a transferência de conhecimentos entre tarefas.

Aplicações em IA

A aprendizagem por transferência encontra aplicações em vários domínios da IA:

Processamento de linguagem natural (PNL): Os modelos linguísticos prétreinados, como o BERT e o GPT, foram aperfeiçoados para tarefas específicas de PLN, como a análise de sentimentos, a resposta a perguntas e a geração de texto.

Visão computacional: As redes neuronais convolucionais (CNN) prétreinadas em grandes conjuntos de dados de imagens, como o ImageNet, são adaptadas a tarefas específicas como a deteção de objectos e a classificação de imagens em imagiologia médica ou condução autónoma.

Reconhecimento de fala: A aprendizagem por transferência permite que os modelos treinados em dados de fala genéricos sejam aperfeiçoados para sotaques ou idiomas específicos com dados rotulados limitados.

Cuidados de saúde: Os modelos de IA treinados em grandes conjuntos de dados médicos podem transferir conhecimentos entre diferentes tarefas de imagiologia médica, melhorando a precisão do diagnóstico e o planeamento do tratamento.

Benefícios da aprendizagem por transferência

Eficiência: Reduz a necessidade de dados rotulados e recursos computacionais extensos, aproveitando o conhecimento pré-existente.

Generalização: Melhora o desempenho do modelo em novas tarefas através da transferência de representações aprendidas que captam padrões específicos do domínio.

Adaptabilidade: Facilita a rápida implementação de soluções de IA em novos domínios ou aplicações com um mínimo de reciclagem.

Desafios e considerações

Incompatibilidade de domínios: As diferenças nas distribuições de dados entre os domínios de origem e de destino podem impedir uma transferência eficaz. As técnicas de adaptação do domínio abordam este desafio alinhando as distribuições de características.

Semelhança de tarefas: A eficácia da aprendizagem por transferência depende da semelhança entre as tarefas de origem e de destino. Um alinhamento mais próximo das tarefas resulta normalmente num melhor desempenho da transferência.

Esquecimento catastrófico: Os modelos de IA podem esquecer conhecimentos previamente adquiridos quando se adaptam a novas tarefas. As técnicas de aprendizagem contínua e de regularização atenuam este problema.

Direcções futuras

Meta-aprendizagem: Desenvolvimento de estruturas de meta-aprendizagem que optimizem as estratégias de transferência em diversas tarefas e domínios.

Aprendizagem auto-supervisionada: Integração de métodos de aprendizagem auto-supervisionada que aprendem a partir de dados não rotulados para melhorar as representações para tarefas de transferência.

Considerações éticas: Abordagem de preconceitos e implicações éticas quando se transferem conhecimentos de um domínio para outro, especialmente em aplicações sensíveis como os cuidados de saúde e as finanças.

Compreender a aprendizagem por transferência através de uma perspetiva de psicologia cognitiva aumenta a capacidade da IA para aprender eficientemente, generalizar eficazmente e adaptar-se a novos desafios em ambientes complexos do mundo real.

Consolidação da memória em sistemas de IA

A consolidação da memória refere-se ao processo pelo qual a informação recentemente adquirida é estabilizada, integrada e armazenada na memória de longo prazo. Este processo é essencial para que tanto os organismos biológicos como os sistemas de inteligência artificial retenham e recuperem informações de forma eficaz ao longo do tempo. A compreensão dos mecanismos de consolidação da memória em sistemas de IA baseia-se em teorias da psicologia cognitiva e em modelos computacionais da memória.

Mecanismos de consolidação da memória

Consolidação sináptica: A consolidação sináptica envolve o reforço das ligações sinápticas entre os neurónios que codificam a informação recentemente aprendida.

Processo: Inicialmente, as memórias são frágeis e susceptíveis de interferência. Através da ativação e reforço repetidos, as ligações sinápticas estabilizam-se, facilitando o armazenamento a longo prazo.

Base biológica: Nos sistemas biológicos, a consolidação sináptica é mediada pela síntese de proteínas e por alterações estruturais nas sinapses.

Implementação da IA: Os modelos computacionais simulam a consolidação sináptica através do ajuste dos pesos nas redes neuronais durante as fases de treino e aprendizagem.

Consolidação de sistemas: A consolidação de sistemas envolve a transferência gradual de memórias do hipocampo (responsável pela codificação inicial) para o neocórtex (armazenamento a longo prazo).

Processo: Inicialmente, as memórias dependem dos circuitos do hipocampo para serem recuperadas. Ao longo do tempo, através da reativação e reorganização, as memórias tornam-se independentes do hipocampo e consolidam-se no neocórtex.

Base biológica: As interacções hipocampo-neocorticais e a plasticidade sináptica contribuem para a consolidação dos sistemas.

Implementação da IA: À semelhança dos sistemas biológicos, os modelos de IA podem transferir representações aprendidas de redes específicas de tarefas para redes mais generalizadas para armazenamento e recuperação a longo prazo.

Consolidação dependente do sono: O sono desempenha um papel crucial na consolidação da memória, promovendo a repetição neural, a poda sináptica e a integração de novas informações com o conhecimento existente.

Processo: Durante o sono, as memórias são reactivadas e reorganizadas, aumentando a sua estabilidade e acessibilidade.

Base biológica: As fases de movimento rápido dos olhos (REM) e não-REM do sono facilitam diferentes aspectos da consolidação da memória.

Implementação da IA: Os sistemas de IA podem beneficiar de processos simulados semelhantes ao sono, tais como mecanismos de repetição e formação offline, para consolidar a aprendizagem e otimizar o armazenamento da memória.

Integração com sistemas de IA

A incorporação dos princípios de consolidação da memória nos sistemas de IA oferece várias vantagens:

Retenção: Melhora a retenção a longo prazo dos conhecimentos e competências adquiridos, reforçando a capacidade da IA para reter e generalizar a partir de experiências passadas.

Robustez: Reduz a suscetibilidade a esquecimentos e interferências, mantendo o desempenho durante longos períodos e em ambientes dinâmicos.

Eficiência: Optimiza os processos de aprendizagem ao dar prioridade à informação importante para consolidação, melhorando a eficiência global da aprendizagem.

Aplicações em IA

Os princípios de consolidação da memória encontram aplicações na IA em vários domínios:

Aprendizagem personalizada: Adapta as experiências de aprendizagem com base nos pontos fortes e fracos individuais e no historial de aprendizagem.

Sistemas autónomos: Melhora a tomada de decisões e a adaptação em veículos autónomos, robótica e agentes inteligentes, tirando partido de conhecimentos consolidados.

Cuidados de saúde: Melhora a precisão do diagnóstico e o planeamento do tratamento através da integração dos dados históricos dos pacientes e dos conhecimentos médicos.

Desafios e direcções futuras

Sobreajuste: Equilíbrio entre a sobreconsolidação (sobreajuste a exemplos específicos) e a subconsolidação (falha de generalização) em modelos de IA.

Transferibilidade: Desenvolver mecanismos de consolidação da memória transferíveis que se adaptem a diferentes tarefas e domínios.

Considerações éticas: Abordar as preocupações com a privacidade e as implicações éticas relacionadas com o armazenamento a longo prazo e a utilização de dados consolidados em sistemas de IA.

CAPÍTULO 6

Linguagem e comunicação

Ashwani Kumar

Escola de Engenharia e Tecnologia

K. R. Mangalam University, Gurugram, Haryana, Índia

Vijay Singh

Escola de Engenharia e Tecnologia de Amity

Universidade de Amity, Noida, UP, Índia

Introdução

O processamento da linguagem, tanto nos seres humanos como nas máquinas, é uma tarefa cognitiva complexa que envolve a compreensão, a produção e a manipulação de informação linguística. Compreender o modo como a linguagem é processada nestes dois domínios - a cognição humana e a inteligência artificial (IA) - fornece informações sobre os princípios fundamentais e os desafios subjacentes à compreensão e produção de linguagem natural.

1. Processamento da linguagem em seres humanos

Mecanismos cognitivos

O processamento da linguagem humana é apoiado por uma rede de mecanismos cognitivos que nos permitem compreender e produzir linguagem sem esforço. Estes mecanismos incluem:

Perceção e compreensão: As fases iniciais envolvem a perceção sensorial da linguagem falada ou escrita, seguida da compreensão, em que os significados são extraídos do input linguístico.

Sintaxe e gramática: As regras e as estruturas que regem a formação de frases e a gramática são processadas para obter significado e interpretar as relações entre as palavras.

Semântica: Compreender o significado de palavras e frases, incluindo interpretações dependentes do contexto e linguagem figurativa.

Pragmática: Aplicar os conhecimentos linguísticos em contextos sociais, compreender os significados implícitos e interpretar as intenções subjacentes aos actos comunicativos.

Bases neurológicas

A investigação neurocientífica identificou regiões e redes cerebrais envolvidas no processamento da linguagem:

Área de Broca: Responsável pela produção da fala e pelo processamento gramatical, localizada no lobo frontal esquerdo.

Área de Wernicke: Envolvida na compreensão da linguagem e no processamento semântico, localizada no lobo temporal esquerdo.

Fascículo arqueado: Liga as áreas de Broca e Wernicke, facilitando a comunicação entre as regiões de produção e compreensão da linguagem.

Lobos Temporal e Parietal: Apoiam vários aspectos do processamento da linguagem, incluindo a perceção auditiva, a recuperação lexical e o processamento sintático.

Aspectos do desenvolvimento

As capacidades de processamento da linguagem evoluem ao longo da vida, influenciadas por factores genéticos, pela exposição ambiental à linguagem e pelas experiências individuais de aprendizagem:

Aquisição precoce da linguagem: Os bebés começam a adquirir linguagem desde o nascimento, progredindo do balbuciar para a compreensão e produção de palavras.

Hipótese do Período Crítico: Sugere que existe uma janela crítica durante a primeira infância quando a aquisição da linguagem é mais eficiente e robusta.

Perturbações da linguagem: Doenças como a afasia, a dislexia e as perturbações do desenvolvimento da linguagem evidenciam perturbações em aspectos específicos do processamento da linguagem, lançando luz sobre os mecanismos cognitivos subjacentes.

2. Processamento de linguagem em máquinas (Inteligência Artificial)

Compreensão de linguagem natural (NLU)

No domínio da IA, a compreensão da linguagem natural consiste em permitir que as máquinas compreendam e interpretem os dados da linguagem humana. Os principais componentes incluem:

Tokenização e análise: Dividir o texto em tokens (palavras ou frases) e analisar a estrutura sintáctica através de algoritmos de análise.

Análise semântica: Extração de significados do texto, identificação de entidades, relações e sentimentos utilizando técnicas como o reconhecimento de entidades nomeadas e a análise de sentimentos.

Análise do discurso: Compreender o fluxo e a coerência de textos ou conversas mais longos, tendo em conta o contexto e os significados implícitos.

Técnicas e algoritmos

A IA utiliza várias técnicas para processar a linguagem de forma eficiente:

Aprendizagem automática: Os métodos de aprendizagem supervisionada, não supervisionada e de reforço formam modelos para realizar tarefas linguísticas específicas, como a classificação, a tradução e o resumo.

Modelos de processamento de linguagem natural (NLP): Os modelos prétreinados, como o BERT (Bidirectional Encoder Representations from Transformers) e o GPT (Generative Pre-trained Transformer), avançaram significativamente as capacidades de NLU através da aprendizagem de representações contextuais da linguagem.

Métodos estatísticos: Os modelos de probabilidade, os modelos de linguagem e os algoritmos de análise estatística ajudam na compreensão da linguagem e nas tarefas de geração.

Desafios em NLU

Apesar dos avanços, as NLU em máquinas enfrentam vários desafios:

Ambiguidade e contexto: Resolver a ambiguidade na linguagem, compreender os significados dependentes do contexto e lidar com a linguagem figurativa.

Raciocínio de senso comum: Inferir conhecimentos implícitos e raciocinar para além das interpretações literais, o que é intuitivo para os seres humanos mas difícil para as máquinas.

Compreensão inter-lingual: Alargar as capacidades de NLU a várias línguas e culturas, tendo em conta as nuances linguísticas e culturais.

Sistemas de diálogo e agentes de conversação

Os sistemas de diálogo, como os chatbots e os assistentes virtuais, são exemplos de aplicações do processamento da linguagem na IA:

Sistemas orientados para a tarefa: Ajudam os utilizadores a completar tarefas específicas (por exemplo, marcar compromissos, fornecer informações) através de interacções estruturadas.

Sistemas de domínio aberto: Envolver os utilizadores em conversas abertas, tirando partido da NLU para gerar respostas contextualmente adequadas.

Considerações éticas

À medida que as tecnologias de processamento da linguagem avançam, surgem considerações éticas sobre a privacidade, a parcialidade dos modelos linguísticos e o impacto social dos sistemas de comunicação baseados na IA.

Direcções futuras

A investigação futura no domínio do processamento da linguagem tem por objetivo:

Melhorar a compreensão multimodal: Integrar a linguagem com modalidades visuais e outras para melhorar os sistemas de IA sensíveis ao contexto.

Melhorar as capacidades multilingues: Desenvolver modelos que compreendam e gerem linguagem em diversos contextos linguísticos.

Explicabilidade avançada: Tornar os sistemas de processamento linguístico da IA mais transparentes e interpretáveis para criar confiança e garantir uma implantação responsável.

O processamento da linguagem em seres humanos e máquinas sublinha a natureza interdisciplinar da ciência cognitiva e da IA. Enquanto o processamento da linguagem humana está profundamente enraizado em mecanismos neurobiológicos e marcos de desenvolvimento, a NLU orientada para a IA utiliza técnicas computacionais e dados em grande escala para emular e alargar capacidades linguísticas semelhantes às humanas. A aproximação entre estes domínios é promissora para o desenvolvimento de sistemas de IA mais inteligentes e reactivos que interagem naturalmente com os seres humanos em diversos contextos linguísticos.

Compreensão de linguagem natural

A Compreensão da Linguagem Natural (NLU) é um ramo da inteligência artificial (IA) que se centra na capacidade de as máquinas compreenderem e interpretarem a linguagem humana de uma forma significativa e contextualmente relevante. Engloba vários processos e técnicas destinados a colmatar o fosso entre a comunicação humana e as capacidades computacionais. Este tópico explora os princípios fundamentais, as metodologias, as aplicações, os desafios e as direcções futuras da NLU.

1. Introdução à compreensão da linguagem natural

A Compreensão da Linguagem Natural (NLU) refere-se à capacidade dos computadores para compreender e interpretar a linguagem humana, quer seja falada ou escrita, a fim de extrair significado e facilitar interacções inteligentes. Ao contrário do simples processamento de texto, a NLU envolve uma análise semântica e contextual mais profunda para compreender a intenção, o sentimento e as entidades mencionadas no texto.

Componentes do NLU

Tokenização e análise: A NLU começa por dividir o texto em bruto em unidades linguísticas mais pequenas (tokens), como palavras ou frases, e analisar a estrutura sintáctica utilizando técnicas de análise para compreender as relações entre estas unidades.

Análise semântica: Envolve a extração do significado do texto, identificando entidades (por exemplo, nomes, datas, localizações), relações entre elas e o contexto geral em que são utilizadas. A análise semântica inclui frequentemente tarefas como o reconhecimento de entidades nomeadas, a rotulagem de funções semânticas e a análise de sentimentos.

Compreensão do discurso e do contexto: Para além das frases individuais, a NLU também se concentra na compreensão de unidades maiores de texto, como parágrafos ou conversas, para manter a coerência e inferir significados implícitos com base no contexto.

2. Técnicas e algoritmos de compreensão da linguagem natural

Aprendizagem automática e aprendizagem profunda

As técnicas de aprendizagem automática e de aprendizagem profunda revolucionaram a NLU, permitindo que os modelos aprendam a partir de grandes quantidades de dados anotados:

Aprendizagem supervisionada: Modelos de treinamento com dados rotulados para executar tarefas específicas, como classificação de texto, reconhecimento de entidades nomeadas ou tradução automática.

Aprendizagem não supervisionada: Descoberta de padrões e estruturas no texto sem rotulagem explícita, frequentemente utilizada para tarefas de agrupamento, modelação de tópicos ou modelação de linguagem.

Modelos de aprendizagem profunda: Arquitecturas como as Redes Neuronais Recorrentes (RNN), as Redes Neuronais Convolucionais (CNN) e os modelos Transformer (por exemplo, BERT, GPT) fizeram avançar significativamente a NLU ao captar dependências complexas e relações semânticas em dados de texto.

Métodos estatísticos e probabilísticos

Modelos estatísticos de linguagem: Modelos baseados em probabilidades que estimam a probabilidade de sequências de palavras, permitindo tarefas como modelação de linguagem, reconhecimento de voz e tradução automática.

Modelos gráficos probabilísticos: Representação de relações complexas entre variáveis em dados de texto, facilitando tarefas como a análise semântica e a extração de informação.

Sistemas baseados em regras e bases de conhecimento

Sistemas periciais: Utilização de regras predefinidas e de bases de conhecimentos para codificar regras linguísticas, conhecimentos específicos de um domínio e mecanismos de raciocínio para tarefas que exigem regras linguísticas explícitas.

Ontologias e redes semânticas: Representações estruturadas do conhecimento e das relações entre entidades, facilitando a compreensão semântica e a inferência em tarefas de NLU.

3. Aplicações da compreensão da linguagem natural

Assistentes virtuais e chatbots

Agentes de conversação: Os assistentes virtuais, como a Siri, a Alexa e o Google Assistant, utilizam NLU para compreender as perguntas dos utilizadores, responder adequadamente e realizar tarefas como definir lembretes, fornecer actualizações meteorológicas ou controlar dispositivos inteligentes.

Recuperação de informação e resposta a perguntas

Motores de pesquisa: Os motores de pesquisa como o Google e o Bing estão equipados com NLU para compreender as consultas dos utilizadores, recuperar documentos relevantes e fornecer resultados de pesquisa precisos com base na compreensão semântica.

Sistemas de resposta a perguntas: Sistemas como o IBM Watson e interfaces de chatbot em sítios Web utilizam NLU para compreender e responder às perguntas dos utilizadores com informações relevantes.

Análise de sentimentos e extração de opiniões

Monitorização dos meios de comunicação social: Analisar o conteúdo das redes sociais para compreender o sentimento do público, identificar tendências e avaliar as opiniões dos clientes utilizando técnicas NLU para análise do sentimento e extração de opiniões.

4. Desafios na compreensão da linguagem natural

Ambiguidade e polissemia

Ambiguidade lexical: As palavras com múltiplos significados (polissemia) ou interpretações ambíguas colocam desafios aos sistemas NLU para inferir com exatidão os significados pretendidos com base no contexto.

Ambiguidade sintáctica: As frases com múltiplas estruturas sintácticas válidas (ambiguidade de análise) requerem desambiguação para identificar a interpretação correcta.

Compreensão contextual

Ambiguidade pragmática: envolve a compreensão de significados implícitos, nuances culturais e interpretações dependentes do contexto que vão para além da compreensão literal da língua.

Adaptação ao domínio e aprendizagem por transferência:

Generalização entre domínios: Os modelos NLU têm muitas vezes dificuldade em generalizar o conhecimento e adaptar-se a novos domínios ou a distribuições de dados inéditas sem uma extensa reciclagem ou adaptação.

Anotação de dados e enviesamento

Qualidade dos dados: Disponibilidade de dados anotados de alta qualidade para treinar modelos NLU, garantindo a representação em diversos contextos demográficos, linguísticos e culturais.

Considerações éticas: Abordagem de preconceitos incorporados nos dados de treino e nos modelos NLU que podem perpetuar estereótipos ou discriminar injustamente determinados grupos.

5. Direcções futuras e inovações

NLU multimodal

Integração de modalidades: Avanço das capacidades de NLU através da integração de texto com outras modalidades, como imagens, vídeo e áudio, para facilitar interacções e compreensão mais ricas e conscientes do contexto.

IA explicável

Interpretabilidade: Desenvolver modelos de NLU que forneçam explicações ou raciocínios por detrás das suas decisões, aumentando a transparência, a confiança e a responsabilidade em aplicações baseadas em IA.

Compreensão interlinguística

Modelos agnósticos de linguagem: Criação de modelos NLU capazes de compreender e processar múltiplas línguas, dialectos e variações linguísticas para suportar aplicações e comunicações globais.

Colaboração Homem-IA

Interfaces interactivas: Conceber interfaces de utilizador que facilitem interacções sem descontinuidades entre humanos e sistemas de IA, tirando partido da NLU para melhorar a experiência e a produtividade do utilizador.

A compreensão da linguagem natural está na vanguarda da investigação e do desenvolvimento da IA, transformando a forma como as máquinas interagem e compreendem a linguagem humana. Ao integrar teorias cognitivas, métodos estatísticos e técnicas de aprendizagem profunda, a NLU continua a avançar, permitindo aplicações que vão desde assistentes virtuais e chatbots a sistemas complexos de recuperação de informação e análise de sentimentos. A resolução de desafios como a ambiguidade, o enviesamento e a adaptação ao domínio será crucial para concretizar todo o potencial da NLU na criação de sistemas de IA inteligentes, empáticos e sensíveis ao contexto que melhorem as interacções homem-máquina em diversos domínios e aplicações.

Sistemas de diálogo e agentes de conversação

Os sistemas de diálogo, também conhecidos como agentes de conversação ou chatbots, representam uma área significativa de investigação e desenvolvimento no âmbito da inteligência artificial (IA), com o objetivo de permitir que as máquinas estabeleçam conversações em linguagem natural com os utilizadores. Estes sistemas desempenham um papel crucial em várias aplicações, desde o serviço de apoio ao cliente e assistentes virtuais a ferramentas educativas e interfaces de cuidados de saúde.

1. Introdução aos sistemas de diálogo

Os sistemas de diálogo são sistemas baseados em IA concebidos para facilitar interacções semelhantes às humanas através de conversas em linguagem natural. Interpretam os inputs do utilizador, geram respostas adequadas e mantêm fluxos de diálogo coerentes para realizar tarefas específicas ou fornecer informações.

Tipos de sistemas de diálogo

Sistemas orientados para as tarefas: Também conhecidos como sistemas orientados para objectivos ou transaccionais, os sistemas de diálogo orientados para tarefas são concebidos para ajudar os utilizadores a completar tarefas específicas ou a atingir objectivos predefinidos. Os exemplos incluem a marcação de consultas, a encomenda de produtos ou a prestação de apoio ao cliente.

Sistemas de domínio aberto: Estes sistemas envolvem os utilizadores em conversas abertas sem restrições de tarefas específicas. O seu objetivo é emular o diálogo humano em diversos tópicos e contextos, centrando-se frequentemente na geração de respostas interessantes e contextualmente relevantes.

Componentes dos sistemas de diálogo

Compreensão da linguagem natural (NLU): O componente responsável pela análise e interpretação das entradas do utilizador, pela extração de informações relevantes e pela compreensão das intenções do utilizador. As técnicas incluem o reconhecimento de entidades, a classificação de intenções e a análise de sentimentos.

Gestor do diálogo (DM): Também conhecido como módulo de política de diálogo, o DM mantém o contexto da conversação, gere o fluxo do diálogo e decide as respostas do sistema com base no estado atual e nos dados do utilizador. Utiliza técnicas como sistemas baseados em regras, máquinas de estado finito ou algoritmos de aprendizagem por reforço.

Geração de linguagem natural (NLG): Este componente gera respostas em linguagem natural com base na compreensão que o sistema tem das entradas do utilizador e do contexto atual do diálogo. As técnicas de NLG vão desde abordagens baseadas em modelos até métodos mais avançados que utilizam modelos de aprendizagem profunda.

Síntese da fala (Text-to-Speech, TTS): Nos sistemas em que é necessária a interação falada, o TTS converte respostas baseadas em texto em linguagem falada, melhorando a experiência do utilizador ao fornecer feedback auditivo.

2. Tecnologias e abordagens em sistemas de diálogo

Abordagens baseadas em regras

Os primeiros sistemas de diálogo baseavam-se em abordagens baseadas em regras, em que as respostas eram predefinidas com base num conjunto de regras e padrões. Estes sistemas eram limitados em termos de escalabilidade e adaptabilidade, mas proporcionavam interacções estruturadas para domínios específicos.

Abordagens estatísticas e de aprendizagem automática:

Modelos de aprendizagem automática: As técnicas de aprendizagem supervisionada, como as Máquinas de Vectores de Suporte (SVM) e as redes neuronais, têm sido utilizadas para a classificação de intenções e o rastreio do estado do diálogo em sistemas orientados para as tarefas.

Aprendizagem por reforço (RL): Os algoritmos de RL permitem aos gestores de diálogo aprender políticas de diálogo óptimas através da interação com os utilizadores, maximizando as recompensas (satisfação do utilizador) com base no feedback.

Aprendizagem de ponta a ponta:

Os avanços recentes centraram-se em arquitecturas de aprendizagem de ponta a ponta, em que todo o sistema de diálogo - desde NLU a NLG - é integrado num único modelo de rede neural. Esta abordagem visa racionalizar o desenvolvimento do sistema e melhorar o desempenho através da otimização conjunta de todos os componentes.

3. Desafios dos sistemas de diálogo

Naturalidade e coerência

Gestão do contexto: Assegurar que o sistema mantém um fluxo de diálogo coerente e recorda as interacções passadas para dar respostas contextualmente adequadas.

Tratamento de consultas complexas: Lidar com entradas ambíguas do utilizador, lidar com múltiplas intenções num único enunciado e desambiguar entre frases de som semelhante.

Escalabilidade e adaptabilidade

Especificidade do domínio: Adaptação dos sistemas de diálogo a novos domínios ou tarefas sem necessidade de uma reciclagem e personalização extensivas.

Variabilidade do utilizador: Abordar a variabilidade na linguagem, preferências e estilos de conversação do utilizador para proporcionar interacções personalizadas.

Métricas de avaliação

Satisfação do utilizador: Medir a eficácia dos sistemas de diálogo com base no feedback dos utilizadores, na análise do sentimento das interacções e nas taxas de conclusão de tarefas.

Desempenho do sistema: Avaliar a exatidão do NLU, a coerência da gestão do diálogo e a adequação dos resultados do NLG através de métodos de avaliação automatizados e humanos.

Considerações éticas

Preconceito e equidade: Assegurar que os sistemas de diálogo evitam respostas tendenciosas e padrões de linguagem discriminatórios com base na demografia dos utilizadores, em antecedentes culturais ou em tópicos sensíveis.

Privacidade e segurança: Proteger os dados do utilizador, manter a confidencialidade em interacções sensíveis e cumprir os regulamentos de proteção de dados.

4. Aplicações dos sistemas de diálogo

Serviço e apoio ao cliente

Assistentes virtuais: Melhorar as experiências de serviço ao cliente, fornecendo apoio 24 horas por dia, 7 dias por semana, respondendo a perguntas frequentes e resolvendo problemas comuns através de um diálogo interativo.

Ferramentas educativas

Sistemas de tutoria: Apoio a experiências de aprendizagem personalizadas, fornecendo conteúdos educativos, avaliando a compreensão do aluno e fornecendo feedback através de interacções baseadas no diálogo.

Interfaces de cuidados de saúde

Envolvimento do paciente: Ajudar os pacientes com questões médicas, marcação de consultas, lembretes de medicação e apoio à saúde mental através de interacções empáticas e informativas.

Interação social e entretenimento

Chatbots sociais: Envolver os utilizadores em conversas casuais, proporcionando entretenimento, companhia ou apoio emocional através de um diálogo interativo.

5. Direcções futuras e inovações

Sistemas de diálogo multimodal

Integração de modalidades: Melhorar os sistemas de diálogo com capacidades para processar e gerar respostas que combinem texto, imagens, vídeo e gestos para interacções mais ricas com os utilizadores.

Reconhecimento e geração de emoções

Sistemas sensíveis às emoções: Desenvolver sistemas que reconheçam as emoções dos utilizadores através da entoação do discurso, expressões faciais ou pistas textuais e que respondam com empatia.

Compreensão contextual e personalização

Sistemas de diálogo adaptáveis: Melhorar a capacidade dos sistemas para adaptar as estratégias de diálogo com base no histórico, preferências e informações contextuais do utilizador, a fim de proporcionar experiências mais personalizadas.

Colaboração Homem-IA

Diálogo cooperativo: Conceber sistemas que colaborem eficazmente com homólogos humanos, melhorando a produtividade, a tomada de decisões e a criatividade em tarefas de colaboração.

Os sistemas de diálogo e os agentes de conversação representam uma área fulcral da investigação e aplicação da IA, transformando a forma como os seres humanos interagem com a tecnologia em diversos domínios. Desde assistentes orientados para tarefas a chatbots de domínio aberto, estes sistemas tiram partido dos avanços em NLU, aprendizagem automática e interação homem-computador para facilitar a comunicação natural e intuitiva. A abordagem de desafios como a naturalidade, a escalabilidade, as considerações éticas e o avanço das inovações nas interacções multimodais impulsionarão a evolução futura dos sistemas de diálogo, tornando-os mais inteligentes, adaptáveis e capazes de suportar necessidades e preferências humanas complexas.

Aquisição de línguas e IA

A aquisição da linguagem, o processo pelo qual os seres humanos aprendem a compreender e a utilizar a linguagem, é um feito notável que começa na infância e progride rapidamente ao longo da vida. Este processo envolve mecanismos cognitivos e neurobiológicos complexos que permitem aos indivíduos compreender, produzir e comunicar utilizando a linguagem falada e escrita. Nos últimos anos, a inteligência artificial (IA) tem procurado reproduzir e compreender aspectos da aquisição da linguagem humana para melhorar as capacidades de processamento da linguagem natural nas máquinas. Este debate explora os paralelos entre a aquisição da linguagem humana e a IA, examinando teorias, metodologias, desafios, aplicações e direcções futuras neste domínio interdisciplinar.

1. Aquisição da linguagem humana

Fases do desenvolvimento da linguagem

A aquisição da linguagem nos seres humanos passa normalmente por várias fases:

Fase pré-linguística: Os bebés comunicam através de gestos, vocalizações e sinais não verbais antes de produzirem as suas primeiras palavras.

Fase de uma só palavra (holofrástica): Por volta dos 12 meses, a criança começa a pronunciar palavras isoladas para transmitir significados, muitas vezes acompanhadas de gestos ou entoações.

Fase de duas palavras: As crianças combinam palavras para formar frases simples (por exemplo, "mais leite") para expressar significados mais complexos.

Fase telegráfica: As crianças começam a utilizar frases curtas com elementos gramaticais essenciais (por exemplo, "Quero bolachas") para comunicar eficazmente.

Frases complexas: À medida que as competências linguísticas amadurecem, as crianças desenvolvem a sintaxe, a gramática e a compreensão semântica, o que lhes permite construir frases complexas e compreender conceitos abstractos.

Teorias da aquisição de línguas

Teoria Behaviorista: Propõe que a linguagem é aprendida através da imitação, reforço e condicionamento com base em estímulos e respostas no ambiente (por exemplo, a abordagem behaviorista de Skinner).

Teoria Nativista (Gramática Universal): Defende que os seres humanos nascem com conhecimentos e princípios linguísticos inatos (por exemplo, a gramática transformativa-gerativa de Chomsky), o que facilita a rápida aquisição da linguagem e a formação de regras.

Teoria interaccionista: Sublinha o papel das predisposições inatas e das interacções sociais no desenvolvimento da linguagem, sugerindo que as crianças aprendem a linguagem através de interacções significativas e da exposição a input linguístico.

Bases neurobiológicas

A aquisição da linguagem é apoiada por regiões cerebrais e vias neuronais específicas:

Área de Broca: Envolvida na produção da linguagem e na articulação da fala, localizada no lobo frontal esquerdo.

Área de Wernicke: Responsável pela compreensão da linguagem e pelo processamento semântico, localizada no lobo temporal esquerdo.

Hipótese do período crítico: Sugere que existe uma janela biologicamente determinada durante a primeira infância em que a aquisição da linguagem é mais eficiente e robusta, influenciada pela neuroplasticidade e pelos processos de poda sináptica.

2. Abordagens de IA à aquisição de línguas

Simular a aprendizagem de línguas

A IA tem como objetivo reproduzir aspectos da aquisição da linguagem humana através de modelos computacionais e algoritmos de aprendizagem automática:

Aprendizagem supervisionada: Modelos de treino com dados linguísticos etiquetados (por exemplo, corpora de texto anotado) para aprender padrões, sintaxe e estruturas semânticas da linguagem.

Aprendizagem não supervisionada: Descoberta de padrões e estruturas latentes em dados de texto não rotulados, frequentemente utilizada para tarefas como agrupamento, modelação de tópicos e modelação de linguagem.

Aprendizagem por reforço: Ensinar os agentes a interagir com o seu ambiente (por exemplo, interacções de diálogo simuladas) e a aprender estratégias linguísticas óptimas através de tentativa e erro, guiados por recompensas ou feedback.

Modelos de processamento de linguagem natural (PNL)

Os recentes avanços na PNL revolucionaram as capacidades de aquisição de linguagem na IA:

Modelos de transformadores: Como o BERT (Bidirectional Encoder Representations from Transformers) e o GPT (Generative Pre-trained Transformer), que aprendem representações contextuais da linguagem e melhoram o desempenho em várias tarefas de PNL.

Tradução automática neural: Sistemas que aprendem a traduzir entre línguas através do mapeamento de sequências de entrada para sequências de saída utilizando redes neuronais, melhorando a compreensão interlinguística e as capacidades de transferência linguística.

3. Desafios na aquisição de línguas por IA

Ambiguidade e compreensão do contexto

Polissemia: Lidar com palavras que têm múltiplos significados com base no contexto (por exemplo, "banco" como uma instituição financeira ou uma margem de rio).

Pragmática: Compreender os significados implícitos, as nuances culturais e os contextos situacionais na utilização da língua, que são difíceis de inferir com exatidão pelas máquinas.

Limitações e enviesamento dos dados

Qualidade dos dados: Disponibilidade de dados linguísticos de alta qualidade, diversificados e anotados para treinar modelos de IA, garantindo a representação de todas as línguas, dialectos e variações culturais.

Preconceitos nos modelos linguísticos: Abordar os preconceitos incorporados nos dados de treino e nos modelos linguísticos que podem perpetuar estereótipos ou refletir desigualdades sociais.

Compreensão multilingue e multimodal:

Transferência interlinguística: Alargar as capacidades de aquisição de línguas a diferentes línguas e variações linguísticas, melhorando a compreensão e a produção de línguas em ambientes multilingues.

Integração multimodal: Integração da linguagem com outras modalidades (p. ex., imagens, vídeo, gestos) para melhorar as interacções e a compreensão do contexto em sistemas de IA.

4. Aplicações da aquisição de línguas por IA

Tradução automática

Comunicação interlinguística: Permite a tradução sem descontinuidades entre línguas em tempo real, facilitando a comunicação global e o acesso à informação.

Chatbots e assistentes virtuais

Compreensão da linguagem natural: Melhorar a capacidade dos sistemas de diálogo para interpretar as intenções dos utilizadores, responder contextualmente e proporcionar interacções personalizadas no serviço ao cliente, nos cuidados de saúde e na educação.

Análise de sentimentos e extração de opiniões

Monitorização de redes sociais: Analisar o sentimento do público, identificar tendências e avaliar as opiniões dos utilizadores através de técnicas de PNL para marketing, pesquisa de opinião pública e gestão de marcas.

5. Direcções futuras e inovações

Modelos de IA cognitiva

Emular a aprendizagem humana: Desenvolver modelos de IA que simulem os processos cognitivos envolvidos na aquisição de línguas, tais como a formação da memória, a compreensão concetual e o raciocínio contextual.

IA explicável

Modelos interpretáveis: Aumentar a transparência e a interpretabilidade das capacidades de aquisição de linguagem dos sistemas de IA, permitindo aos utilizadores compreender os processos de tomada de decisão e aumentar a confiança nas aplicações de IA.

Colaboração Homem-IA

Interfaces interactivas: Conceber sistemas de IA que colaborem eficazmente com os seres humanos, aumentando as capacidades cognitivas e apoiando tarefas de colaboração na investigação, criatividade e resolução de problemas.

Considerações éticas

Mitigação de preconceitos: Implementação de estratégias para atenuar os preconceitos nos modelos de aquisição de línguas da IA, promovendo a equidade, a diversidade e a inclusão na representação e comunicação linguísticas.

CAPÍTULO 7

Tomada de decisões e resolução de problemas

Ashwani Kumar

Escola de Engenharia e Tecnologia

K. R. Mangalam University, Gurugram, Haryana, Índia

Dhiraj Singh Rawat

Departamento de Informática

NIET, Greater Noida, Uttar Pradesh, Índia

Introdução

A tomada de decisões é um processo cognitivo fundamental no qual os indivíduos se envolvem diariamente, desde escolhas de rotina a decisões complexas e consequentes. As estratégias cognitivas desempenham um papel fundamental na forma como os seres humanos processam a informação, avaliam as alternativas e tomam decisões. A compreensão destas estratégias permite compreender os mecanismos de tomada de decisão, os preconceitos e as abordagens que influenciam o comportamento humano.

1. Introdução à tomada de decisões

A tomada de decisão refere-se ao processo cognitivo de seleção de um curso de ação entre múltiplas alternativas com base em preferências, valores e objectivos. Envolve a recolha de informações, a avaliação de opções, a previsão de resultados e a escolha da opção mais adequada para atingir os objectivos desejados.

Tipos de tomada de decisão

Decisões de rotina: Escolhas quotidianas feitas automaticamente ou habitualmente, muitas vezes envolvendo um esforço cognitivo mínimo (por exemplo, escolher o que vestir).

Tomada de decisão racional: Avaliação sistemática de alternativas com base na lógica, na informação e nos objectivos para maximizar os resultados (por exemplo, decisões empresariais).

Tomada de decisão intuitiva: Confiança em sentimentos, instintos ou conhecimentos implícitos para fazer julgamentos rápidos sem raciocínio consciente (por exemplo, respostas a emergências).

Racionalidade limitada: Tomada de decisões sob restrições como tempo, informação ou limitações cognitivas, resultando frequentemente em satisfação em vez de otimização dos resultados.

2. Estratégias cognitivas na tomada de decisões

Heurística: As heurísticas são atalhos mentais ou regras de ouro que simplificam a tomada de decisões, reduzindo o esforço cognitivo e a complexidade do processamento:

Heurística da disponibilidade: Estimar a probabilidade de eventos com base na facilidade com que instâncias semelhantes vêm à mente (por exemplo, medo de voar depois de ouvir notícias sobre acidentes de avião).

Heurística da Representatividade: Julgar a probabilidade de um evento com base na semelhança com exemplos típicos ou protótipos (por exemplo, assumir que alguém é bibliotecário porque se encaixa no estereótipo).

Heurística de ancoragem e de ajustamento: Utilização de um ponto de referência inicial (âncora) para efetuar juízos ou estimativas, ajustando-se a partir desse ponto com base em informações adicionais (por exemplo, fixar um preço com base na primeira oferta recebida).

Enquadramento da decisão

Enquadramento positivo vs. negativo: Apresentar as opções em termos de ganhos (enquadramento positivo) ou perdas (enquadramento negativo) pode influenciar as decisões, mesmo quando as opções são objetivamente as mesmas.

Perceção do risco: Avaliar os riscos e benefícios percebidos associados a diferentes escolhas, influenciados por factores como a familiaridade, o controlo percebido e as respostas emocionais.

Vieses cognitivos

Os enviesamentos cognitivos são padrões sistemáticos de desvio da racionalidade ou do juízo lógico que influenciam a tomada de decisões:

Viés de confirmação: Tendência para procurar ou interpretar informações que confirmem preconceitos ou crenças, ignorando provas contraditórias.

Preconceito de excesso de confiança: sobrestimação das capacidades, conhecimentos ou capacidade de julgamento de uma pessoa, levando a decisões arriscadas ou à incapacidade de avaliar adequadamente os riscos.

Aversão à perda: Preferir evitar perdas em vez de adquirir ganhos equivalentes, levando a um comportamento avesso ao risco na tomada de decisões.

3. Fundamentos teóricos da tomada de decisão cognitiva

Teoria dos prospectos

Função de valor: Descreve a forma como os indivíduos percepcionam os ganhos e as perdas em relação a um ponto de referência (normalmente o estado atual), realçando o impacto psicológico das perdas em comparação com ganhos equivalentes.

Pesos de decisão: Reflecte a probabilidade percebida ou a probabilidade que os indivíduos atribuem a potenciais resultados, influenciando as escolhas com base na aversão ao risco ou nas tendências de procura de risco.

Teoria do duplo processo

Sistema 1 (Sistema Intuitivo): Processos de pensamento rápidos, automáticos e inconscientes baseados na heurística, nas emoções e na intuição.

Sistema 2 (Sistema Analítico): Processos de pensamento lentos, deliberados e conscientes que envolvem análise racional, lógica e raciocínio crítico.

4. Aplicações das estratégias cognitivas na tomada de decisões

Negócios e Gestão

Tomada de decisões estratégicas: Os executivos e gestores utilizam estratégias cognitivas para avaliar as tendências do mercado, os cenários competitivos e os riscos financeiros, influenciando as estratégias organizacionais e a afetação de recursos.

Cuidados de saúde e medicina

Tomada de decisões médicas: Os médicos utilizam estratégias cognitivas para diagnosticar doenças, recomendar tratamentos e ponderar os riscos e benefícios dos cuidados prestados aos doentes, o que tem impacto nos resultados clínicos e na segurança dos doentes.

Comportamento do consumidor

Marketing e publicidade: As empresas utilizam preconceitos cognitivos e técnicas de enquadramento de decisões para influenciar as preferências dos consumidores, as decisões de compra e a fidelidade à marca através de mensagens e promoções persuasivas.

Políticas públicas e governação

Tomada de decisões políticas: Os funcionários governamentais e os decisores políticos integram estratégias cognitivas para analisar questões sociais, avaliar opções políticas e antecipar potenciais impactos nas comunidades e economias.

5. Desafios e considerações éticas

Complexidade e incerteza

Complexidade da decisão: Abordagem de questões multifacetadas, variáveis interligadas e resultados incertos que complicam os processos de tomada de decisão.

Dilemas éticos: Equilíbrio entre interesses individuais, impactos sociais e considerações morais na tomada de decisões, garantindo equidade, justiça e responsabilidade.

Inteligência Artificial e Tomada de Decisão Cognitiva

Modelos de IA: Desenvolver algoritmos e sistemas de IA que emulem estratégias cognitivas humanas, incorporando a aprendizagem automática, a aprendizagem profunda e o processamento de linguagem natural para melhorar as capacidades de tomada de decisões em sistemas automatizados.

Direcções futuras

Apoio melhorado à decisão: Avanço das tecnologias de IA para fornecer suporte à decisão em tempo real, análise preditiva e recomendações personalizadas com base em insights cognitivos e modelos orientados por dados.

IA ética: Integrar princípios éticos, transparência e responsabilidade nos sistemas de IA para mitigar preconceitos, defender a justiça e promover a tomada de decisões responsáveis em diversas aplicações.

Heurísticas e preconceitos nos seres humanos e na IA

A heurística e os enviesamentos são conceitos fundamentais da psicologia cognitiva que ilustram a forma como os indivíduos tomam decisões em condições de incerteza e complexidade. As heurísticas são atalhos mentais ou regras de ouro simplificadas que os indivíduos utilizam para agilizar os processos de tomada de decisão, enquanto os enviesamentos se referem a desvios sistemáticos da racionalidade ou do julgamento objetivo. A compreensão destes fenómenos permite compreender os processos cognitivos, as estratégias de tomada de decisão e as suas implicações tanto para o comportamento humano como para os sistemas de inteligência artificial (IA).

1. Heurística: Atalhos cognitivos na tomada de decisões

As heurísticas são estratégias cognitivas ou atalhos mentais que os indivíduos utilizam para simplificar tarefas complexas de tomada de decisões. Estas estratégias permitem julgamentos rápidos e intuitivos e reduzem a carga cognitiva associada ao processamento de grandes quantidades de informação:

Heurística da disponibilidade: Estimar a probabilidade de eventos com base na facilidade com que instâncias semelhantes vêm à mente. Por exemplo, as pessoas podem sobrestimar o risco de acidentes de avião depois de ouvirem notícias sobre acidentes.

Heurística da representatividade: Fazer julgamentos sobre a probabilidade de um evento com base na semelhança com exemplos típicos ou protótipos. Isto pode levar a estereótipos ou equívocos, como assumir que alguém é bibliotecário com base na sua aparência.

Heurística de ancoragem e ajustamento: Utilização de um ponto de referência inicial (âncora) para tomar decisões ou fazer estimativas, ajustando-se a partir desse ponto com base em informações adicionais recebidas. Isto pode influenciar negociações, decisões de preços ou avaliações de valor.

2. Preconceitos: Desvios sistemáticos da racionalidade

Os enviesamentos cognitivos referem-se a padrões sistemáticos de desvio da racionalidade ou do julgamento lógico, que afectam a forma como os indivíduos interpretam a informação, avaliam as opções e tomam decisões:

Viés de confirmação: Tendência para procurar, interpretar ou favorecer informações que confirmem crenças ou hipóteses pré-existentes, ignorando provas contraditórias. Isto pode reforçar estereótipos, crenças políticas ou convicções pessoais.

Viés de excesso de confiança: sobrestimação das próprias capacidades, conhecimentos ou capacidade de julgamento, o que conduz a decisões arriscadas ou à incapacidade de avaliar adequadamente os riscos e as incertezas. Este preconceito é predominante nos mercados financeiros, no desporto e em contextos profissionais.

Viés de ancoragem: Confiar demasiado na informação inicial ou nas "âncoras" ao tomar decisões, mesmo que essa informação seja irrelevante ou enganadora. Este preconceito influencia as negociações, as estratégias de preços e os julgamentos de valor.

3. Heurísticas e vieses na cognição humana

Fundamentos psicológicos

A investigação em psicologia cognitiva identificou as heurísticas e os enviesamentos como mecanismos adaptativos que facilitam a tomada de decisões eficientes, mas que também contribuem para erros e julgamentos irracionais:

Teoria do duplo processo: Propõe dois modos distintos de pensamento - Sistema 1 (intuitivo, automático) e Sistema 2 (analítico, deliberado) - que interagem para moldar os processos de tomada de decisão. As heurísticas estão principalmente associadas ao pensamento do Sistema 1, enquanto os enviesamentos podem resultar de interacções entre ambos os sistemas.

Teoria dos prospectos: Descreve a forma como os indivíduos avaliam e tomam decisões em situações de risco e incerteza, destacando as percepções subjectivas de valor, a aversão à perda e os pontos de referência (âncoras) nos contextos de tomada de decisão.

Manifestações no comportamento humano

As heurísticas e os enviesamentos influenciam vários aspectos do comportamento humano e da tomada de decisões em vários domínios:

Decisões financeiras: Os investidores podem apresentar enviesamentos como a aversão à perda, o comportamento de rebanho (seguir a multidão) ou o efeito de dotação (sobrevalorização dos bens).

Diagnósticos médicos: Os médicos podem basear-se na heurística da disponibilidade para diagnosticar os doentes, o que pode levar a erros de diagnóstico ou a interpretações incorrectas dos sintomas.

Julgamentos jurídicos: Os juízes e os júris podem ser susceptíveis a preconceitos como o efeito de ancoragem quando deliberam sobre a sentença ou determinam a culpa em processos judiciais.

4. Heurísticas e vieses na Inteligência Artificial

Modelação e aplicações de IA

Os avanços na IA incorporaram heurísticas e abordaram preconceitos para melhorar as capacidades de tomada de decisão nos modelos de aprendizagem automática:

Preconceitos algorítmicos: Os sistemas de IA treinados em conjuntos de dados tendenciosos podem perpetuar ou amplificar os preconceitos sociais, afectando decisões em áreas como a contratação, o crédito e a justiça criminal.

Equidade e responsabilidade: Estão a ser desenvolvidos esforços para desenvolver algoritmos de IA que atenuem os preconceitos, promovam a equidade (por exemplo, igualdade de oportunidades) e aumentem a transparência nos processos de tomada de decisão.

Algoritmos Heurísticos

Algoritmos de pesquisa: Em tarefas de resolução de problemas, a IA utiliza algoritmos de pesquisa heurística (por exemplo, o algoritmo A*) para navegar eficientemente em grandes espaços de solução e encontrar soluções óptimas ou quase óptimas.

Reconhecimento de padrões: A IA utiliza técnicas heurísticas em tarefas de reconhecimento de padrões, como a classificação de imagens ou o processamento de linguagem natural, para simplificar a seleção de características e os processos de tomada de decisão.

5. Aplicações, desafios e considerações éticas

Aplicações no mundo real

As heurísticas e os preconceitos influenciam as aplicações de IA em diversos domínios, incluindo:

Finanças: Os sistemas de negociação algorítmica utilizam a heurística para tomar decisões de investimento rápidas com base nas tendências do mercado e nos movimentos de preços.

Cuidados de saúde: Os sistemas de IA de diagnóstico baseiam-se no reconhecimento de padrões e na heurística da tomada de decisões para ajudar os médicos a diagnosticar doenças e a recomendar tratamentos.

Personalização: Os sistemas de recomendação no comércio eletrónico e no entretenimento utilizam heurísticas para prever as preferências dos consumidores e adaptar os conteúdos aos perfis individuais dos utilizadores.

Desafios

Equidade algorítmica: Abordagem dos preconceitos nos modelos de IA para garantir resultados equitativos em diversas populações, evitando a discriminação ou o tratamento injusto com base em atributos sensíveis.

IA interpretável: Aumentar a transparência e a interpretabilidade dos processos de tomada de decisão da IA para promover a confiança, a responsabilidade e a compreensão do utilizador.

Abordagens de IA à resolução de problemas

A resolução de problemas é um processo cognitivo fundamental, essencial para navegar em tarefas complexas e atingir objectivos em vários domínios. A inteligência artificial (IA) revolucionou as capacidades de resolução de problemas através do desenvolvimento de algoritmos, técnicas e estruturas que emulam as capacidades cognitivas humanas para enfrentar desafios de forma eficiente.

1. Introdução à resolução de problemas

A resolução de problemas implica identificar, analisar e encontrar soluções para os obstáculos ou desafios encontrados na consecução de objectivos específicos. Engloba o raciocínio lógico, a tomada de decisões e o pensamento criativo para lidar eficazmente com as incertezas e as complexidades.

Componentes da resolução de problemas:

Identificação do problema: Reconhecer e definir a natureza e o âmbito do problema a resolver.

Análise do problema: Dividir o problema em partes geríveis, compreender as relações e dependências e identificar restrições ou requisitos.

Formulação de soluções: Geração de potenciais soluções ou estratégias com base nas informações, conhecimentos e recursos disponíveis.

Implementação da solução: Implementar e testar a solução escolhida para avaliar a sua eficácia e resolver quaisquer problemas ou aperfeiçoamentos remanescentes.

2. Fundamentos de IA na resolução de problemas

Representação do conhecimento

Os sistemas de IA utilizam vários métodos para representar e manipular conhecimentos relevantes para a resolução de problemas:

Representação simbólica: Representação do conhecimento utilizando símbolos, regras e lógica (por exemplo, lógica de predicados, redes semânticas) para modelar relações e inferir conclusões.

Representação subsimbólica: Utilização de representações distribuídas (por exemplo, redes neuronais) para captar padrões complexos e aprender associações entre entradas e saídas.

Algoritmos de pesquisa

Espaço do problema: Representar o problema como um espaço de pesquisa com estados, operadores e objectivos, onde os algoritmos de pesquisa exploram sistematicamente as potenciais soluções.

Tipos de algoritmos de pesquisa: Inclui pesquisa não informada (por exemplo, pesquisa em largura, pesquisa em profundidade) e pesquisa informada (por exemplo, pesquisa A*, pesquisa heurística) que utilizam informação heurística para orientar a exploração para soluções promissoras.

3. Aprendizagem automática na resolução de problemas

Aprendizagem supervisionada

Reconhecimento de padrões: Treinar modelos de IA em conjuntos de dados rotulados para aprender mapeamentos entre entradas e saídas, permitindo tarefas como a classificação, regressão e previsão de sequências.

Aprendizagem não supervisionada

Descoberta de padrões: Identificação de padrões, estruturas ou grupos ocultos em dados não rotulados, útil para tarefas como agrupamento, deteção de anomalias e redução da dimensionalidade.

Aprendizagem por reforço

Tomada de decisões sequenciais: Ensinar os agentes de IA a aprender um comportamento ótimo através de interacções com um ambiente, recebendo recompensas ou penalizações com base nas acções realizadas.

4. Aplicações de IA na resolução de problemas

Processamento de linguagem natural (PNL)

Compreensão da linguagem: Os sistemas de IA utilizam técnicas de PNL para compreender, gerar e traduzir a linguagem humana, facilitando as aplicações em chatbots, assistentes virtuais e análise de sentimentos.

Visão computacional

Perceção visual: Os algoritmos de IA analisam e interpretam dados visuais de imagens ou vídeos para realizar tarefas como a deteção de objectos, a classificação de imagens e a navegação autónoma.

Robótica e sistemas autónomos

Execução de tarefas: Os robôs equipados com capacidades de IA navegam em ambientes, manipulam objectos e executam tarefas complexas em indústrias como a indústria transformadora, os cuidados de saúde e a agricultura.

Cuidados de saúde e medicina

Diagnóstico e tratamento: A IA ajuda os profissionais de saúde a diagnosticar doenças, a prever os resultados dos doentes e a personalizar os planos de tratamento com base em dados médicos e investigação.

Finanças e análise de negócios

Avaliação de riscos: Os modelos de IA analisam dados financeiros para avaliar riscos, otimizar estratégias de investimento e detetar actividades fraudulentas nos sectores bancário e financeiro.

5. Desafios e considerações

Complexidade computacional

Escalabilidade: lidar com conjuntos de dados em grande escala e recursos computacionais necessários para treinar modelos complexos de IA, particularmente em aplicações de aprendizagem profunda e de aprendizagem por reforço.

Implicações éticas e sociais

Preconceito e equidade: Abordar os enviesamentos nos algoritmos de IA que podem perpetuar a discriminação ou as desigualdades nos processos de tomada de decisão em diversas populações.

IA interpretável

Transparência: Melhorar a interpretabilidade e a explicabilidade das decisões dos sistemas de IA para promover a confiança, a responsabilização e a compreensão do utilizador em aplicações críticas como os cuidados de saúde e a justiça penal.

Robustez e segurança

Ataques adversários: Proteção dos sistemas de IA contra manipulações maliciosas ou vulnerabilidades que exploram pontos fracos nas previsões dos modelos ou nos resultados das decisões.

6. Direcções futuras

Sistemas de IA cognitiva

Colaboração Homem-IA: Desenvolver sistemas de IA que complementem as capacidades cognitivas humanas, melhorando a criatividade, as competências de resolução de problemas e as capacidades de tomada de decisões em investigação e inovação interdisciplinares.

Robótica cognitiva e sistemas de apoio à decisão

A robótica cognitiva e os sistemas de apoio à decisão representam a convergência da inteligência artificial (IA), da robótica e da ciência cognitiva para desenvolver sistemas inteligentes capazes de perceber, raciocinar, aprender e tomar decisões de forma autónoma ou em colaboração com os seres humanos.

1. Introdução à Robótica Cognitiva

A robótica cognitiva integra princípios das ciências cognitivas, da robótica e da IA para criar robôs ou sistemas autónomos com capacidades cognitivas semelhantes às dos seres humanos. Estes robôs percepcionam o seu ambiente, processam informação sensorial, aprendem com a experiência e tomam decisões para executar tarefas de forma eficaz e adaptável.

Componentes da Robótica Cognitiva

Perceção: Detetar e interpretar o ambiente utilizando sensores como câmaras, LIDAR ou sensores tácteis para recolher dados sobre objectos, pessoas e o meio envolvente.

Raciocínio: Aplicação de métodos lógicos, probabilísticos ou heurísticos para interpretar dados sensoriais, planear acções e gerar respostas ou comportamentos.

Aprendizagem: Adquirir conhecimentos, competências e comportamentos através da experiência, da interação com o ambiente ou de dados de treino em paradigmas de aprendizagem supervisionada, não supervisionada ou por reforço.

Ação: Execução de tarefas ou movimentos físicos com base em decisões e planos derivados de processos de perceção, raciocínio e aprendizagem.

2. Sistemas de apoio à decisão (DSS)

Os sistemas de apoio à decisão são ferramentas ou aplicações informáticas que auxiliam os seres humanos ou os sistemas autónomos a tomar decisões através do processamento de dados, da análise de informações e da apresentação de ideias ou recomendações.

Componentes do DSS

Gestão de dados: Recolher, armazenar e organizar dados relevantes de várias fontes para apoiar os processos de tomada de decisão.

Modelação e análise: Aplicação de modelos analíticos, algoritmos ou simulações para interpretar dados, identificar padrões e gerar previsões ou cenários.

Tomada de decisões: Apresentação de informações, opções e recomendações aos decisores, facilitando escolhas informadas com base em conhecimentos orientados por dados.

3. Robótica cognitiva na prática

Aplicações

Automação industrial: Os robôs autónomos na indústria transformadora executam tarefas como a montagem, a soldadura ou a embalagem com precisão, eficiência e adaptabilidade às exigências da produção.

Robótica de serviço: Os robôs prestam assistência em ambientes de cuidados de saúde para cuidados a doentes, reabilitação e procedimentos médicos, melhorando a produtividade e a qualidade da prestação de cuidados.

Exploração e vigilância: Os veículos aéreos não tripulados (UAV) ou os robots subaquáticos exploram ambientes perigosos ou remotos, recolhem dados e efectuam tarefas de vigilância.

Robótica de assistência: Os dispositivos e sistemas ajudam as pessoas com deficiência ou as populações idosas nas actividades diárias, na assistência à mobilidade ou no apoio à comunicação.

Avanços tecnológicos

Fusão de sensores: Integração de dados de vários sensores (por exemplo, câmaras, lidar, unidades de medição inercial) para melhorar a precisão da perceção e a consciência ambiental.

Aprendizagem automática: Desenvolvimento de comportamentos adaptativos e capacidades de tomada de decisões através de aprendizagem supervisionada (por exemplo, reconhecimento de objectos), aprendizagem por reforço (por exemplo, planeamento de percursos) ou aprendizagem não supervisionada (por exemplo, deteção de anomalias).

Interação homem-robô: Conceber interfaces intuitivas, gestos ou comandos de voz para uma comunicação e colaboração perfeitas entre robôs e utilizadores humanos.

4. Sistemas de apoio à decisão em robótica cognitiva

Papel e funções

Conhecimento da situação: Fornecimento de actualizações em tempo real sobre as condições ambientais, obstáculos ou alterações que afectam as operações do robô ou os processos de tomada de decisão.

Avaliação de riscos: Analisar potenciais riscos, incertezas ou perigos de segurança em ambientes dinâmicos para otimizar o comportamento do robô e mitigar os riscos operacionais.

Planeamento adaptativo: Gerar e ajustar planos de ação ou estratégias com base na evolução das condições, objectivos ou preferências dos utilizadores para obter resultados óptimos.

Integração com a Robótica Cognitiva

Aprender com os dados: Os DSS analisam dados históricos, entradas de sensores ou interacções do utilizador para melhorar os algoritmos de tomada de decisão, adaptar comportamentos e otimizar o desempenho ao longo do tempo.

Análise preditiva: Antecipação de eventos ou tendências futuras com base em padrões de dados, permitindo a tomada de decisões proactivas e acções preventivas em cenários complexos.

5. Desafios e considerações

Desafios técnicos

Perceção e deteção: Melhoria da precisão, fiabilidade e robustez da interpretação de dados de sensores em ambientes diversos e dinâmicos (por exemplo, ambientes exteriores, espaços com muita gente).

Autonomia e controlo: Equilíbrio entre autonomia e supervisão ou intervenção humana para garantir a segurança, considerações éticas e conformidade com as normas regulamentares.

Implicações éticas e sociais

Privacidade e segurança: Proteção de dados pessoais, informações sensíveis ou protocolos operacionais contra o acesso não autorizado, ciberameaças ou utilização indevida.

Conceção centrada no ser humano: Abordagem dos factores humanos, das preferências dos utilizadores, das normas culturais e das orientações éticas no desenvolvimento e implantação da robótica cognitiva e dos sistemas de apoio à decisão.

CAPÍTULO 8

Emoção e Cognição na IA

Ashwani Kumar

Escola de Engenharia e Tecnologia

K. R. Mangalam University, Gurugram, Haryana, Índia

Sudesh Singh

Departamento de Informática

NIET, Greater Noida, Uttar Pradesh, Índia

Introdução

A inteligência emocional (IE) refere-se à capacidade de reconhecer, compreender, gerir e influenciar as emoções em si próprio e nos outros. Engloba competências como a consciência emocional, a empatia, a autorregulação e as competências sociais. No contexto da inteligência artificial (IA), a inteligência emocional envolve a conceção de sistemas capazes de compreender e responder às emoções humanas de forma adequada.

Componentes da inteligência emocional

Auto-consciência: A capacidade de reconhecer as próprias emoções e os seus efeitos. Para a IA, isto envolve a deteção e interpretação de sinais emocionais dos utilizadores.

Autorregulação: Gerir as emoções de uma forma saudável. Para a IA, isto pode envolver a modulação de respostas com base no estado emocional detectado do utilizador.

Motivação: A vontade de atingir objectivos. Embora a IA não tenha motivação intrínseca, pode ser programada para compreender e responder às motivações humanas.

Empatia: Reconhecer e compreender as emoções dos outros. A IA pode ser treinada para reconhecer expressões emocionais e responder de forma empática.

Competências sociais: Gerir relações para levar as pessoas na direção desejada. A IA pode facilitar as interacções sociais dando respostas emocionalmente adequadas.

Aplicações da inteligência emocional na IA

Serviço ao cliente: A IA emocionalmente inteligente pode melhorar as interacções com os clientes através da compreensão e resposta a estados emocionais, conduzindo a uma maior satisfação do cliente.

Cuidados de saúde: Os sistemas de IA podem apoiar a saúde mental, reconhecendo sinais de sofrimento emocional e fornecendo intervenções ou recomendações adequadas.

Educação: A IA emocionalmente inteligente pode adaptar o conteúdo e o apoio educativo com base no estado emocional e nas necessidades dos alunos, promovendo um melhor ambiente de aprendizagem.

Recursos humanos: A IA pode ajudar no bem-estar dos funcionários, detectando o stress ou o esgotamento e sugerindo intervenções.

Técnicas para desenvolver a inteligência emocional na IA

Processamento de linguagem natural (PNL): As técnicas de PNL ajudam a IA a compreender e a gerar linguagem humana, o que é crucial para interpretar o conteúdo emocional do texto.

Aprendizagem automática: A aprendizagem supervisionada com dados emocionais etiquetados ajuda a IA a reconhecer padrões e a fazer previsões sobre estados emocionais.

Visão computacional: Analisar expressões faciais, linguagem corporal e outras pistas visuais para inferir emoções.

Análise da voz: Analisar o tom, a altura e outras características vocais para detetar emoções.

Desafios no desenvolvimento de uma IA emocionalmente inteligente

Complexidade das emoções humanas: As emoções têm nuances e dependem do contexto, o que as torna difíceis de interpretar com exatidão.

Diferenças culturais: As expressões e interpretações emocionais podem variar consoante as culturas, exigindo que a IA seja adaptável e sensível a estas variações.

Considerações éticas: Garantir que a IA emocionalmente inteligente respeita a privacidade e a autonomia dos utilizadores e não manipula as emoções de forma pouco ética.

Direcções futuras

Melhoria do reconhecimento de emoções: Melhorar a precisão e a sensibilidade dos algoritmos de deteção de emoções.

Consciência do contexto: Desenvolvimento de sistemas de IA capazes de compreender o contexto em que as emoções são expressas.

Quadros éticos: Estabelecimento de directrizes para o desenvolvimento ético e a utilização de IA emocionalmente inteligente.

A inteligência emocional na IA tem um potencial significativo para melhorar as interacções homem-computador em vários domínios. Ao compreender e responder adequadamente às emoções humanas, a IA pode melhorar as experiências dos utilizadores, apoiar a saúde mental e promover melhores interacções sociais. No entanto, o desenvolvimento de uma IA emocionalmente inteligente tem de ultrapassar desafios técnicos, culturais e éticos complexos para garantir que beneficia a sociedade de forma responsável e equitativa.

Análise de sentimentos e reconhecimento de emoções

A análise de sentimentos e o reconhecimento de emoções são técnicas de IA utilizadas para identificar e interpretar conteúdos emocionais em texto, discurso e dados visuais. A análise de sentimentos centra-se normalmente na determinação da polaridade das emoções (positivas, negativas, neutras) expressas no texto, enquanto o reconhecimento de emoções tem por objetivo identificar emoções específicas (por exemplo, felicidade, tristeza, raiva) a partir de várias fontes de dados.

Técnicas de análise de sentimentos

Pré-processamento de texto: Limpeza e preparação de dados de texto para análise, incluindo tokenização, lematização e remoção de palavras de paragem.

Abordagens baseadas no léxico: Utilização de dicionários de palavras associadas a sentimentos específicos para analisar o texto. Estas abordagens são simples, mas podem carecer de compreensão contextual.

Aprendizagem automática: Treinar classificadores (por exemplo, SVM, Naive Bayes) em conjuntos de dados rotulados para reconhecer padrões de sentimentos. A aprendizagem automática pode captar relações mais complexas, mas requer dados anotados substanciais.

Aprendizagem profunda: Utilização de redes neurais (por exemplo, LSTM, BERT) para modelar padrões complexos em dados de texto. Estes modelos podem compreender o contexto e as nuances, mas exigem recursos computacionais extensos e grandes conjuntos de dados.

Técnicas de reconhecimento de emoções

Análise de expressões faciais: Utilização da visão computacional para detetar e classificar expressões faciais. As técnicas incluem cascatas Haar, características HOG e modelos de aprendizagem profunda como CNNs.

Análise da voz: Análise das características vocais (altura, tom, velocidade) para detetar emoções. Os métodos incluem a extração de características acústicas e abordagens de aprendizagem profunda.

Dados fisiológicos: Monitorização do ritmo cardíaco, da condutância da pele e de outros sinais fisiológicos para inferir estados emocionais.

Abordagens multimodais: Combinação de dados de várias fontes (por exemplo, texto, voz, expressões faciais) para melhorar a exatidão do reconhecimento de emoções.

Aplicações da análise de sentimentos e do reconhecimento de emoções

Feedback do cliente: Análise de críticas, publicações nas redes sociais e interacções com os clientes para avaliar o sentimento do público e melhorar os produtos ou serviços.

Saúde mental: Monitorização das comunicações dos doentes para detetar sinais de sofrimento emocional, ajudando na deteção e intervenção precoces.

Marketing: Compreender as emoções dos consumidores em relação às marcas e campanhas para adaptar as estratégias de marketing.

Recursos Humanos: Avaliar o sentimento dos trabalhadores para melhorar o bem-estar e a produtividade no local de trabalho.

Desafios na análise de sentimentos e no reconhecimento de emoções

Ambiguidade na linguagem: O sarcasmo, a ironia e as expressões dependentes do contexto podem ser difíceis de interpretar com exatidão.

Qualidade dos dados: Conjuntos de dados anotados e de alta qualidade são cruciais para treinar modelos exactos, mas a obtenção desses dados pode exigir muitos recursos.

Preocupações com a privacidade: A recolha e análise de dados emocionais levanta questões significativas de privacidade, necessitando de medidas robustas de proteção de dados.

Sensibilidade cultural: As emoções podem ser expressas e interpretadas de forma diferente consoante as culturas, exigindo modelos adaptáveis e inclusivos.

Considerações éticas

Consentimento e transparência: Garantir que os utilizadores estão cientes e consentem a análise dos seus dados emocionais.

Mitigação de preconceitos: Abordagem de preconceitos nos dados de formação para evitar a perpetuação de estereótipos ou discriminação.

Manipulação emocional: Proteger contra a utilização não ética do reconhecimento de emoções para manipular ou explorar os utilizadores.

Direcções futuras

Modelos conscientes do contexto: Desenvolvimento de modelos que compreendam melhor o contexto em que as emoções são expressas.

Adaptação transcultural: Criar modelos adaptáveis que possam interpretar com exatidão as emoções em diferentes contextos culturais.

Análise em tempo real: Melhorar a velocidade e a eficiência do reconhecimento de emoções para aplicações em tempo real.

A análise de sentimentos e o reconhecimento de emoções são ferramentas poderosas que permitem aos sistemas de IA compreender e responder às emoções humanas. Estas técnicas têm uma vasta gama de aplicações, desde a melhoria das experiências dos clientes até ao apoio à saúde mental. No entanto, devem ser desenvolvidas e implementadas tendo em conta os desafios técnicos, as nuances culturais e as implicações éticas, para garantir que são utilizadas de forma responsável e eficaz.

Ética da IA emocionalmente inteligente

Os sistemas de IA emocionalmente inteligentes têm o potencial de revolucionar as interacções homem-computador através da compreensão e da resposta às emoções humanas. No entanto, esta capacidade suscita preocupações éticas significativas que devem ser abordadas para garantir o desenvolvimento e a implantação responsáveis destas tecnologias.

Privacidade e consentimento

Recolha de dados: Os sistemas de IA emocionalmente inteligentes baseiam-se frequentemente na recolha e análise de dados pessoais, como expressões faciais, gravações de voz e comunicações de texto. É crucial obter o consentimento explícito dos utilizadores antes de recolher esses dados.

Transparência: Os utilizadores devem ser informados sobre os dados que estão a ser recolhidos, como serão utilizados e quem terá acesso aos mesmos. A transparência promove a confiança e permite que os utilizadores tomem decisões informadas sobre as suas interacções com os sistemas de IA.

Preconceito e equidade

Dados de treino: Os sistemas de IA são tão bons quanto os dados com que são treinados. Se os dados de treino contiverem enviesamentos, o sistema de IA irá provavelmente perpetuar esses enviesamentos, conduzindo a resultados injustos ou discriminatórios.

Equidade algorítmica: É essencial garantir que os sistemas de IA tratam todos os utilizadores de forma equitativa, independentemente da raça, sexo, idade ou outras características pessoais. Isto implica uma monitorização e atualização contínuas dos algoritmos para atenuar os enviesamentos.

Manipulação emocional

Práticas de manipulação: A IA emocionalmente inteligente pode ser utilizada para manipular as emoções dos utilizadores para fins comerciais, políticos ou outros. Isto suscita preocupações éticas significativas sobre a autonomia e o respeito pelo bem-estar emocional dos indivíduos.

Interação informada: Os utilizadores devem estar conscientes de que estão a interagir com um sistema de IA capaz de inteligência emocional e compreender os potenciais impactos dessas interacções nas suas emoções e decisões.

Autonomia e agência

Respeito pela autonomia: A IA emocionalmente inteligente deve apoiar e reforçar a autonomia dos utilizadores em vez de a minar. Isto implica dar aos utilizadores o controlo das suas interacções com os sistemas de IA e respeitar as suas preferências e limites.

Interacções de apoio: Os sistemas de IA devem ser concebidos para apoiar o bem-estar emocional dos utilizadores, oferecendo assistência e intervenções adequadas sem ultrapassar os limites ou tomar decisões em nome dos utilizadores sem o seu contributo.

Segurança e salvaguardas

Proteção de dados: É fundamental garantir a segurança dos dados pessoais recolhidos por sistemas de IA emocionalmente inteligentes. A encriptação robusta, os controlos de acesso e as técnicas de anonimização de dados podem ajudar a proteger a privacidade dos utilizadores.

Segurança do sistema: Os sistemas de IA emocionalmente inteligentes devem ser protegidos contra ciberataques e acesso não autorizado, o que pode comprometer os dados emocionais dos utilizadores e a confiança no sistema.

Responsabilidade e governação

Responsabilidade: Os programadores, as organizações e os decisores políticos devem assumir a responsabilidade pelas implicações éticas da IA emocionalmente inteligente. Isto envolve a implementação de directrizes éticas, a realização de auditorias regulares e a garantia de conformidade com as leis e normas relevantes.

Quadros de governação: O estabelecimento de quadros de governação para supervisionar o desenvolvimento e a implantação da IA emocionalmente inteligente pode ajudar a garantir que estas tecnologias sejam utilizadas de forma responsável e ética.

Quadros e directrizes éticas

Princípios éticos da IA: A adoção e a adesão a princípios como a equidade, a transparência, a responsabilidade e o respeito pela privacidade são essenciais para o desenvolvimento de uma IA emocionalmente inteligente.

Normas do sector: A colaboração com as partes interessadas da indústria para desenvolver e implementar normas e melhores práticas para a IA emocionalmente inteligente pode ajudar a mitigar os riscos éticos e promover a inovação responsável.

Direcções futuras

Investigação ética sobre a IA: A investigação contínua sobre as implicações éticas da IA emocionalmente inteligente pode ajudar a identificar novos desafios e a desenvolver soluções eficazes.

Conceção centrada no utilizador: A conceção de sistemas de IA emocionalmente inteligentes centrados nas necessidades, preferências e bem-estar dos utilizadores pode melhorar os resultados éticos e práticos destas tecnologias.

Desenvolvimento de políticas: Os decisores políticos devem trabalhar com investigadores, líderes da indústria e o público para desenvolver políticas que equilibrem a inovação com considerações éticas, assegurando que a IA emocionalmente inteligente beneficia a sociedade como um todo.

A ética da IA emocionalmente inteligente envolve considerações complexas e multifacetadas que devem ser abordadas para garantir o desenvolvimento e a implantação responsáveis destas tecnologias. Ao centrarem-se na privacidade, na justiça, na autonomia, na segurança e na responsabilidade, os criadores e os decisores políticos podem criar sistemas de IA que respeitem e melhorem o bem-estar emocional dos seres humanos, atenuando simultaneamente os riscos éticos. medida que o domínio da IA emocionalmente inteligente continua a evoluir, o diálogo, a investigação e a colaboração contínuos serão essenciais para navegar na paisagem ética e promover a inovação responsável.

Interação Homem-IA e respostas emocionais

A interação homem-IA envolve as formas como as pessoas interagem com os sistemas de inteligência artificial. À medida que a IA se torna mais integrada na vida quotidiana, compreender e otimizar estas interacções é crucial para criar experiências positivas para o utilizador. As respostas emocionais desempenham um papel significativo na formação destas interacções, influenciando a satisfação, a confiança e o envolvimento do utilizador.

Compreender as respostas emocionais na interação Homem-IA

Experiência do utilizador (UX): As emoções são uma componente essencial da experiência do utilizador. As respostas emocionais positivas podem aumentar a satisfação e a lealdade, enquanto as emoções negativas podem levar à frustração e ao abandono dos sistemas de IA.

Confiança e aceitação: É mais provável que os utilizadores confiem e aceitem sistemas de IA que consigam compreender e responder adequadamente às suas emoções. Criar confiança é essencial para a adoção generalizada das tecnologias de IA.

Envolvimento e retenção: O envolvimento emocional pode impulsionar a utilização contínua de sistemas de IA. A IA que suscita respostas emocionais positivas pode manter o interesse do utilizador e incentivar a interação a longo prazo.

Técnicas para melhorar as respostas emocionais

Processamento de linguagem natural (PNL): As técnicas de PNL permitem que a IA compreenda e gere uma linguagem semelhante à humana, facilitando interacções mais naturais e emocionalmente ressonantes.

Análise de sentimentos: Ao analisar o sentimento do texto, a IA pode avaliar as emoções do utilizador e adaptar as respostas para melhorar as interacções positivas ou atenuar as emoções negativas.

Reconhecimento de emoções: Utilizando a visão por computador e a análise da voz, a IA pode detetar expressões faciais, linguagem corporal e tons vocais para inferir estados emocionais e responder em conformidade.

Personalização: A IA pode adaptar as interacções com base nas preferências, no histórico e nos padrões emocionais de cada utilizador, criando uma experiência mais personalizada e emocionalmente satisfatória.

Aplicações das respostas emocionais na interação Homem-IA

Serviço ao cliente: A IA emocionalmente reactiva pode melhorar o serviço ao cliente, compreendendo as emoções do cliente, dando respostas empáticas e resolvendo os problemas de forma mais eficaz.

Cuidados de saúde: Os sistemas de IA nos cuidados de saúde podem apoiar o bem-estar dos doentes, reconhecendo sinais de sofrimento emocional e oferecendo intervenções ou apoio adequados.

Educação: A IA com consciência emocional pode melhorar as experiências educativas, adaptando-se aos estados emocionais dos alunos, encorajando-os e resolvendo a frustração.

Entretenimento: Os sistemas de entretenimento orientados para a IA podem ajustar o conteúdo com base nas emoções do utilizador, criando experiências mais envolventes e agradáveis.

Desafios na interação emocional entre humanos e IA

Precisão da deteção de emoções: Detetar e interpretar com precisão as emoções humanas é um desafio devido à complexidade e variabilidade das expressões emocionais.

Sensibilidade cultural: As emoções podem ser expressas e interpretadas de forma diferente consoante as culturas, exigindo que a IA seja adaptável e sensível às nuances culturais.

Preocupações com a privacidade: A recolha e análise de dados emocionais levanta questões de privacidade, necessitando de medidas robustas de proteção de dados e do consentimento do utilizador.

Manipulação das emoções: Garantir que a IA não manipula ou explora as emoções dos utilizadores de forma não ética é uma consideração ética fundamental.

Considerações éticas sobre a interação homem-IA

Transparência e consentimento: Os utilizadores devem ser informados sobre as capacidades da IA e consentir na recolha e análise dos seus dados emocionais.

Preconceito e equidade: Os sistemas de IA devem ser concebidos para tratar todos os utilizadores de forma justa, evitando preconceitos na deteção e resposta a emoções.

Autonomia do utilizador: A IA deve apoiar a autonomia do utilizador, prestando assistência sem ultrapassar os limites ou tomar decisões sem o contributo do utilizador.

Responsabilidade: Os programadores e as organizações devem assumir a responsabilidade pelas implicações éticas dos sistemas de IA e garantir o cumprimento das directrizes e normas éticas.

Direcções futuras na interação emocional entre humanos e IA

Avanços na IA das emoções: A investigação e o desenvolvimento em curso no domínio da IA das emoções melhorarão a precisão e a sensibilidade dos sistemas de deteção e resposta a emoções.

IA sensível ao contexto: O desenvolvimento de uma IA que compreenda o contexto das expressões emocionais aumentará a relevância e a adequação das respostas.

Conceção centrada no ser humano: A concentração nas necessidades e preferências do utilizador na conceção de sistemas de IA criará interacções mais positivas e emocionalmente satisfatórias.

Colaboração interdisciplinar: A colaboração entre investigadores de IA, psicólogos, especialistas em ética e outras partes interessadas impulsionará o desenvolvimento de sistemas de IA emocionalmente inteligentes que respeitem e melhorem o bem-estar emocional humano.

A interação homem-IA e as respostas emocionais são componentes essenciais para criar sistemas de IA eficazes e cativantes. Ao compreender e responder às emoções humanas, a IA pode melhorar as experiências dos utilizadores, criar confiança e promover o envolvimento em várias aplicações. No entanto, desafios como a exatidão, a sensibilidade cultural e as considerações éticas devem ser abordados para garantir um desenvolvimento responsável e benéfico da IA emocionalmente inteligente. À medida que o campo evolui, a investigação, a inovação e a colaboração contínuas serão essenciais para aproveitar o potencial da interação emocional homem-IA para melhorar a tecnologia e enriquecer a vida humana.

CAPÍTULO 9

Criatividade e inovação

Ashwani Kumar

Escola de Engenharia e Tecnologia

K. R. Mangalam University, Gurugram, Haryana, Índia

Amit Bansal

Departamento de Informática

Dayal Singh College, Universidade de Deli, Deli, Índia

Introdução

A criatividade é um processo cognitivo multifacetado que envolve a geração de ideias novas e valiosas. É um aspeto essencial da cognição humana, desempenhando um papel crucial na resolução de problemas, na inovação e na expressão artística. Compreender os processos cognitivos subjacentes à criatividade ajuda a melhorar o pensamento criativo e a desenvolver sistemas de IA que podem imitar ou aumentar a criatividade humana.

Processos cognitivos chave na criatividade

Pensamento divergente: É a capacidade de gerar soluções múltiplas e diversas para um problema. Contrasta com o pensamento convergente, que se concentra em encontrar uma única resposta correcta. O pensamento divergente envolve fluência (produzir muitas ideias), flexibilidade (produzir ideias variadas), originalidade (produzir ideias novas) e elaboração (desenvolver ideias em pormenor).

Resolução de problemas: A resolução criativa de problemas envolve a definição de um problema, a criação de soluções possíveis, a avaliação dessas soluções e a implementação da solução mais eficaz. Requer pensamento analítico e imaginativo.

Insight: Muitas vezes referido como o momento "Aha!", o insight é a realização súbita de uma solução para um problema. É normalmente precedido por um período de incubação, em que a mente subconsciente processa a informação recolhida durante os esforços conscientes.

Associação e Analogia: O pensamento criativo envolve frequentemente o estabelecimento de ligações entre conceitos aparentemente não relacionados. Isto pode ser facilitado pelo pensamento associativo, em que as ideias são ligadas com base em semelhanças ou contrastes, e pelo pensamento analógico, em que o conhecimento de um domínio é aplicado a outro.

Fases do processo criativo

Preparação: Esta fase envolve a recolha de informações, a definição do problema e a exploração dos conhecimentos existentes. Estabelece as bases para o pensamento criativo, fornecendo os antecedentes e o contexto necessários.

Incubação: Durante a incubação, o indivíduo faz uma pausa na resolução consciente de problemas, permitindo que a mente subconsciente processe a informação. Esta fase conduz frequentemente a ligações e conhecimentos inesperados.

Iluminação: A fase de iluminação é caracterizada pelo aparecimento súbito de uma nova ideia ou solução. É o momento de rutura criativa que se segue frequentemente à incubação.

Verificação: Nesta fase final, a ideia ou solução é avaliada, refinada e implementada. A verificação envolve pensamento crítico para avaliar a viabilidade e o valor do resultado criativo.

Factores que influenciam a criatividade

Capacidades cognitivas: Níveis elevados de inteligência, conhecimentos específicos de um domínio e flexibilidade cognitiva aumentam o potencial criativo. Estas capacidades permitem que os indivíduos processem a informação de forma eficaz e criem soluções inovadoras.

Traços de personalidade: Traços como a abertura à experiência, a motivação intrínseca e a propensão para assumir riscos estão associados a uma maior criatividade. Estes traços encorajam a exploração, a experimentação e a perseverança face aos desafios.

Factores ambientais: Um ambiente de apoio que forneça recursos, encorajamento e oportunidades de colaboração promove a criatividade. Isto inclui o acesso a conhecimentos diversos, a exposição a diferentes perspectivas e a ausência de restrições excessivas.

Estados emocionais: As emoções positivas, como a alegria e a excitação, alargam os processos cognitivos e reforçam a criatividade. Por outro lado, as emoções negativas podem dificultar ou estimular a criatividade, dependendo do contexto e dos mecanismos individuais de controlo.

Neurociência da Criatividade

Regiões cerebrais: A criatividade envolve várias regiões cerebrais, incluindo o córtex pré-frontal (responsável pelo pensamento de ordem superior), os lobos temporais (associados à memória e às associações) e o sistema límbico (envolvido nas emoções). Estas regiões trabalham em conjunto para apoiar o pensamento criativo.

Redes Neurais: Duas redes neurais primárias estão envolvidas na criatividade: a rede de modo padrão (DMN) e a rede de controlo executivo (ECN). A DMN está ativa durante a deambulação da mente e a geração espontânea de ideias, enquanto a ECN está envolvida no pensamento focado e dirigido a um objetivo. A criatividade efectiva requer frequentemente um equilíbrio entre estas redes.

Aumentar a criatividade

Formação e educação: A criatividade pode ser fomentada através de programas de formação que se concentrem no desenvolvimento do pensamento divergente, nas capacidades de resolução de problemas e nos conhecimentos específicos de um domínio. As abordagens educativas que incentivam a curiosidade, a exploração e o pensamento crítico também são benéficas.

Técnicas e ferramentas: Técnicas como o brainstorming, o mapeamento mental e os exercícios de pensamento lateral podem estimular o pensamento criativo. As ferramentas que fornecem ajudas visuais e conceptuais, como os esboços ou o software de desenho digital, também apoiam o processo criativo.

Atenção plena e relaxamento: Práticas como a meditação mindfulness e técnicas de relaxamento podem aumentar a criatividade, reduzindo o stress, promovendo a clareza mental e facilitando a fase de incubação.

A compreensão dos processos cognitivos subjacentes à criatividade fornece informações valiosas sobre a forma como são geradas ideias novas e valiosas. Ao explorar as fases do processo criativo, os factores que influenciam a criatividade e a neurociência do pensamento criativo, podemos desenvolver estratégias para aumentar a criatividade nos indivíduos e nas organizações. Este conhecimento também informa o desenvolvimento de sistemas de IA concebidos para aumentar ou emular a criatividade humana, abrindo caminho a aplicações e avanços inovadores.

Criatividade computacional e IA

A criatividade computacional envolve a utilização da inteligência artificial (IA) para simular, melhorar ou emular os processos criativos humanos. Este domínio interdisciplinar combina conceitos de IA, ciências cognitivas e artes para desenvolver sistemas capazes de gerar resultados criativos, como música, artes visuais, literatura e hipóteses científicas. O objetivo é compreender melhor a criatividade e criar ferramentas de IA que possam colaborar com a criatividade humana ou aumentá-la.

Definição de criatividade computacional

Sistemas generativos: Estes sistemas produzem novos resultados com base em regras pré-definidas, algoritmos ou padrões aprendidos. Os exemplos incluem a geração de conteúdos processuais em jogos de vídeo e a composição musical algorítmica.

Sistemas interactivos: Estes sistemas de IA colaboram com os seres humanos no processo criativo, fornecendo sugestões, variações ou melhorias. Os exemplos incluem ferramentas de escrita co-criativa e software de design assistido por IA.

Sistemas autónomos: Os sistemas criativos totalmente autónomos geram obras completas sem intervenção humana. Estes sistemas utilizam técnicas avançadas de aprendizagem automática, como a aprendizagem profunda, para criar obras de arte originais ou descobertas científicas.

Técnicas de criatividade computacional

Sistemas baseados em regras: A criatividade computacional inicial baseava-se em sistemas baseados em regras, em que a criatividade era definida por um conjunto de regras lógicas ou heurísticas. Estes sistemas podem gerar resultados criativos dentro dos limites das regras, mas não têm a capacidade de se adaptar ou aprender.

Aprendizagem automática: A criatividade computacional moderna assenta fortemente na aprendizagem automática, nomeadamente na aprendizagem profunda. As redes neuronais podem aprender padrões a partir de grandes conjuntos de dados, permitindo a geração de novos resultados que se assemelham à criatividade humana.

Algoritmos evolutivos: Estes algoritmos simulam o processo de seleção natural para desenvolver soluções criativas ao longo do tempo. São utilizados em áreas como a geração de arte, a composição musical e a otimização do design.

Redes Adversariais Generativas (GANs): As GANs consistem em duas redes neurais - o gerador e o discriminador - que competem entre si. O gerador cria novos conteúdos, enquanto o discriminador avalia a sua qualidade. Este processo resulta em resultados altamente realistas e criativos.

Aplicações da criatividade computacional

Arte visual: Os sistemas de IA podem gerar pinturas, ilustrações e arte digital. Exemplos notáveis incluem o DeepArt e o DeepDream da Google, que utilizam redes neuronais para criar estilos artísticos únicos.

Composição musical: A IA tem sido utilizada para compor música original, desde peças clássicas a música eletrónica moderna. Sistemas como o MuseNet da OpenAI e o AIVA (Artificial Intelligence Virtual Artist) podem compor música em vários géneros e estilos.

Literatura e poesia: Os modelos de geração de texto orientados para a IA, como o GPT-3 da OpenAI, podem escrever histórias, poemas e artigos.

Estes sistemas podem produzir conteúdos escritos coerentes e estilisticamente diversos.

Design e arquitetura: A IA ajuda a criar designs e planos arquitectónicos inovadores. Ferramentas como o Dreamcatcher da Autodesk utilizam algoritmos de design generativo para explorar inúmeras possibilidades de design com base em critérios especificados.

Descoberta científica: A IA ajuda a gerar hipóteses, a conceber experiências e a analisar dados na investigação científica. Os exemplos incluem a utilização da IA na descoberta de medicamentos e na ciência dos materiais.

Desafios da criatividade computacional

Definição de criatividade: A criatividade é inerentemente subjectiva, o que torna difícil a sua definição e medição. O que é considerado criativo por uma pessoa pode não ser visto como tal por outra.

Originalidade vs. Repetição: Os sistemas de IA treinados com dados existentes podem produzir resultados demasiado semelhantes aos dados de treino, levantando questões sobre a originalidade e a criatividade.

Avaliação dos resultados criativos: É difícil avaliar a qualidade e a criatividade dos conteúdos gerados por IA. A avaliação humana é frequentemente necessária, mas pode ser tendenciosa e inconsistente.

Considerações éticas: A utilização da IA em domínios criativos levanta questões éticas sobre a autoria, a propriedade intelectual e o impacto nos artistas e criadores humanos.

Direcções futuras na criatividade computacional

Algoritmos melhorados: Os avanços na aprendizagem automática e na IA conduzirão a sistemas criativos mais sofisticados e versáteis. Técnicas como a aprendizagem por transferência e a aprendizagem por reforço aumentarão a capacidade da IA para gerar resultados novos e de alta qualidade.

Colaboração entre humanos e IA: O futuro da criatividade computacional reside na colaboração entre humanos e IA. Os sistemas co-criativos que potenciam os pontos fortes de ambas as partes conduzirão a trabalhos criativos mais inovadores e diversificados.

Investigação transdisciplinar: A integração de conhecimentos das ciências cognitivas, da psicologia e das artes melhorará a nossa compreensão da criatividade e informará o desenvolvimento de sistemas computacionais mais eficazes.

Implicações éticas e sociais: Será crucial abordar as implicações éticas e sociais da criatividade computacional. Será essencial desenvolver directrizes para uma utilização responsável da IA e garantir um tratamento justo dos criadores humanos.

A criatividade computacional representa uma intersecção fascinante entre a IA, a ciência cognitiva e as artes. Ao explorar várias técnicas, aplicações e desafios, podemos compreender melhor como a IA pode emular e aumentar a criatividade humana. O futuro da criatividade computacional encerra um imenso potencial de inovação e colaboração, abrindo caminho a novas formas de expressão artística e de descoberta científica.

Aplicações em arte, design e inovação

A inteligência artificial (IA) tem dado passos significativos na arte, no design e na inovação, transformando estes domínios através da introdução de novas ferramentas, técnicas e possibilidades. Os sistemas de IA podem gerar obras de arte originais, ajudar nos processos de design criativo e impulsionar a inovação em vários sectores. Esta integração da IA promove a colaboração entre humanos e máquinas, aumentando a criatividade e expandindo os limites do que é possível.

IA nas artes visuais

Arte generativa: Os sistemas de IA, como os GAN e as redes neuronais, criam obras de arte visuais únicas, aprendendo padrões da arte existente e gerando novas imagens. Estas peças geradas por IA podem imitar diferentes estilos artísticos ou criar estilos totalmente novos.

Transferência de estilo: Técnicas como a transferência de estilo neural permitem que a IA aplique o estilo de uma imagem a outra, permitindo que os artistas misturem diferentes estéticas visuais. Esta técnica tem sido utilizada para criar obras de arte impressionantes e inovadoras.

Arte interactiva: A IA permite a criação de instalações artísticas interactivas que respondem aos contributos do público. Estas instalações utilizam sensores e algoritmos de aprendizagem automática para se adaptarem e evoluírem com base nas interacções dos espectadores.

Restauro de obras de arte: A IA ajuda no restauro e na preservação de obras de arte, analisando e reconstruindo partes danificadas ou em falta. Esta tecnologia ajuda a manter a integridade de peças de arte históricas.

IA no design

Design generativo: As ferramentas de design generativo com tecnologia de IA, como o Dreamcatcher da Autodesk, exploram inúmeras possibilidades de design com base em parâmetros e restrições especificados. Esta abordagem conduz a soluções de design inovadoras e optimizadas em arquitetura, design de produtos e engenharia.

Criatividade assistida por IA: As ferramentas de design melhoradas com capacidades de IA ajudam os designers, fornecendo sugestões, automatizando tarefas repetitivas e gerando variações de design. Estas ferramentas aumentam a produtividade e a criatividade, permitindo que os designers se concentrem na tomada de decisões de nível superior.

Design de moda: Os algoritmos de IA analisam as tendências da moda e as preferências dos consumidores para criar novos modelos de vestuário. Os sistemas baseados em IA podem criar desfiles de moda virtuais, prever tendências futuras e até conceber peças de vestuário personalizadas com base em medidas individuais e preferências de estilo.

Design da experiência do utilizador (UX): A IA ajuda a melhorar o design UX, analisando o comportamento e o feedback do utilizador para otimizar as interfaces e as interacções. As ferramentas baseadas em IA podem criar experiências de utilizador personalizadas e adaptar os designs em tempo real.

IA na inovação

Desenvolvimento de produtos: A IA acelera o desenvolvimento de produtos, optimizando os processos de conceção, prevendo as tendências do mercado e identificando as necessidades dos clientes. As ferramentas baseadas em IA permitem a criação rápida de protótipos e testes, reduzindo o tempo de colocação no mercado de novos produtos.

Investigação e desenvolvimento: A IA melhora a inovação em I&D ao analisar grandes quantidades de dados, identificar padrões e gerar novas hipóteses. Em domínios como os produtos farmacêuticos, a ciência dos materiais e a biotecnologia, as descobertas conduzidas pela IA levam a avanços revolucionários.

Gestão da inovação: Os sistemas de IA apoiam a gestão da inovação, facilitando a geração de ideias, a colaboração e a gestão de projectos. Ferramentas como as plataformas de inovação e os assistentes de brainstorming orientados para a IA ajudam as organizações a aproveitar a criatividade colectiva e a impulsionar a inovação.

Propriedade intelectual: A IA ajuda na gestão e proteção da propriedade intelectual, analisando patentes, identificando potenciais infracções e sugerindo novas áreas de inovação. Os conhecimentos baseados em IA ajudam as empresas a navegar no complexo panorama da propriedade intelectual.

Desafios da arte, do design e da inovação orientados para a IA

Autenticidade e originalidade: A utilização da IA em processos criativos levanta questões sobre a autenticidade e a originalidade dos resultados gerados pela IA. Determinar o valor e a autoria dos trabalhos criados pela IA continua a ser um desafio.

Enviesamento e equidade: Os sistemas de IA podem herdar preconceitos dos seus dados de treino, conduzindo a resultados tendenciosos ou injustos. É crucial garantir a equidade e a inclusão na arte, no design e na inovação orientados para a IA.

Considerações éticas: A integração da IA em domínios criativos suscita preocupações éticas, incluindo o impacto nos criadores humanos, o potencial para a deslocação de postos de trabalho e a necessidade de uma utilização responsável da IA.

Direitos de propriedade intelectual: A determinação da propriedade e dos direitos de propriedade intelectual de obras geradas por IA é complexa. Os quadros jurídicos têm de evoluir para responder a estes desafios.

Direcções futuras em arte, design e inovação orientados para a IA

Colaboração entre humanos e IA: O futuro da IA na arte, no design e na inovação reside na colaboração entre humanos e IA. Os sistemas co-criativos que combinam a criatividade humana com o poder computacional da IA conduzirão a resultados mais inovadores e diversificados.

Avanços na tecnologia de IA: Os avanços contínuos na tecnologia da IA, como as redes neuronais mais sofisticadas e o melhor processamento da linguagem natural, aumentarão as capacidades da IA em domínios criativos.

Investigação interdisciplinar: A integração de conhecimentos da ciência cognitiva, da psicologia e das artes aprofundará a nossa compreensão da criatividade e informará o desenvolvimento de sistemas de IA mais eficazes.

Quadros éticos e jurídicos: O desenvolvimento de directrizes éticas e de quadros jurídicos para a arte, o design e a inovação orientados para a IA garantirá uma utilização responsável e justa das tecnologias de IA.

A IA tem o potencial de revolucionar a arte, o design e a inovação, fornecendo novas ferramentas e técnicas que aumentam a criatividade e a produtividade. Ao explorar as aplicações da IA nestes domínios, podemos compreender melhor como a IA pode colaborar com os criadores humanos para produzir resultados inovadores e valiosos. Abordar os desafios e as considerações éticas associadas à criatividade impulsionada pela IA será crucial para aproveitar todo o seu potencial e garantir o seu impacto positivo na sociedade.

Direcções futuras da IA criativa

A IA criativa refere-se a sistemas de inteligência artificial concebidos para simular, melhorar ou colaborar nos processos criativos humanos. À medida que a tecnologia de IA avança, as suas aplicações em domínios criativos estão a expandir-se, oferecendo novas possibilidades de expressão artística, inovação no design e resolução de problemas. O futuro da IA criativa tem um imenso potencial para transformar a forma como criamos e interagimos com a arte, o design e a tecnologia.

Tendências emergentes na IA criativa

Co-criação: O futuro da IA criativa reside na colaboração entre humanos e máquinas. Os sistemas co-criativos que combinam a intuição e a criatividade humanas com o poder computacional da IA permitirão resultados criativos mais inovadores e diversificados.

Personalização: A capacidade da IA para analisar grandes quantidades de dados permite experiências criativas altamente personalizadas. Desde produtos personalizados a experiências artísticas feitas à medida, a personalização desempenhará um papel significativo nas futuras aplicações criativas de IA.

Interação em tempo real: Os avanços na IA e nas capacidades de processamento em tempo real permitirão sistemas criativos mais dinâmicos e interactivos. As instalações artísticas, os espectáculos musicais e as ferramentas de design orientados para a IA em tempo real proporcionarão experiências imersivas e envolventes.

Integração transdisciplinar: A integração da IA com outras disciplinas, como a neurociência, a psicologia e as artes, melhorará a nossa compreensão da criatividade e informará o desenvolvimento de sistemas de IA mais sofisticados.

Avanços tecnológicos na IA criativa

Redes neuronais avançadas: O desenvolvimento de redes neuronais mais sofisticadas, incluindo modelos de aprendizagem profunda e de aprendizagem por reforço, melhorará a capacidade da IA para gerar e avaliar resultados criativos. Estes avanços conduzirão a conteúdos gerados por IA mais realistas e inovadores.

Modelos generativos: Técnicas como os GAN e os Autoencoders Variacionais (VAEs) continuarão a evoluir, permitindo a geração de resultados criativos diversificados e de elevada qualidade. Estes modelos serão utilizados em vários domínios criativos, desde as artes visuais à composição musical.

Processamento da linguagem natural (PNL): As melhorias na PNL aumentarão a capacidade da IA para compreender e gerar linguagem humana, conduzindo a resultados criativos mais coerentes e contextualmente relevantes na literatura, nos sistemas de diálogo e noutras aplicações baseadas em texto.

IA multimodal: Os futuros sistemas de IA serão capazes de integrar múltiplas modalidades, como texto, imagem e áudio, para criar trabalhos criativos mais complexos e sofisticados. A IA multimodal permitirá experiências criativas mais ricas e mais envolventes.

Aplicações da futura IA criativa

Arte e entretenimento: A IA continuará a revolucionar as indústrias da arte e do entretenimento, permitindo novas formas de expressão artística e experiências interactivas. Desde filmes gerados por IA a instalações artísticas imersivas de realidade virtual (RV), as possibilidades são vastas.

Design e arquitetura: As ferramentas de design orientadas para a IA tornar-se-ão mais avançadas, oferecendo aos designers novas formas de explorar e visualizar ideias. O design generativo e a modelação paramétrica permitirão a criação de estruturas arquitectónicas complexas e optimizadas.

Ensino e aprendizagem: A IA desempenhará um papel significativo na educação, criando experiências de aprendizagem personalizadas e adaptáveis. As ferramentas educativas baseadas em IA envolverão os alunos através de métodos interactivos e criativos, melhorando os resultados da aprendizagem.

Cuidados de saúde e terapia: A IA será utilizada em contextos terapêuticos e de cuidados de saúde para apoiar a saúde mental e o bem-estar. A arte-terapia, a musicoterapia e as sessões de terapia virtual baseadas em IA proporcionarão formas inovadoras de responder às necessidades emocionais e psicológicas.

Considerações éticas e sociais

Preconceitos e equidade: Será crucial garantir que os sistemas criativos de IA não tenham preconceitos e tratem todos os utilizadores de forma justa. Isto implica abordar os preconceitos nos dados de formação e desenvolver algoritmos que promovam a inclusão e a diversidade.

Propriedade intelectual: O aumento dos conteúdos gerados por IA levanta questões complexas sobre os direitos de propriedade intelectual e a propriedade. Os quadros jurídicos terão de evoluir para abordar estas questões e garantir um tratamento justo dos criadores humanos e de IA.

Impacto nos criadores humanos: A utilização crescente da IA em domínios criativos pode ter impacto nos criadores humanos, conduzindo potencialmente à deslocação de postos de trabalho ou a alterações no processo criativo. Será essencial equilibrar os benefícios da IA com a necessidade de apoiar a criatividade humana.

Utilização ética: O desenvolvimento de directrizes éticas para a utilização da IA em domínios criativos será necessário para garantir resultados responsáveis e benéficos. Isto inclui considerações sobre a privacidade, a transparência e o potencial de utilização indevida.

Direcções de investigação futuras

Modelação cognitiva: A compreensão dos processos cognitivos subjacentes à criatividade humana contribuirá para o desenvolvimento de sistemas de IA mais eficazes. A investigação em ciências cognitivas e neurociências permitirá compreender o modo como a criatividade pode ser modelada e melhorada pela IA.

Colaboração entre humanos e IA: Investigar a melhor forma de colaboração entre humanos e IA em processos criativos conduzirá a sistemas de co-criatividade mais eficazes. Isto inclui o estudo da dinâmica da interação homem-IA e o desenvolvimento de interfaces que facilitem uma colaboração sem descontinuidades.

Avaliação da criatividade: Será importante desenvolver métodos para avaliar a qualidade e a criatividade dos resultados gerados pela IA. Isto implica a criação de métricas e quadros que possam avaliar a novidade, o valor e o impacto dos trabalhos criativos.

Abordagens interdisciplinares: A colaboração entre disciplinas, como a arte, o design, a psicologia e a informática, impulsionará a inovação na IA criativa. A investigação interdisciplinar conduzirá a novos conhecimentos e aplicações que transcendem as fronteiras tradicionais.

CAPÍTULO 10

Implicações éticas e sociais

Ashwani Kumar

Escola de Engenharia e Tecnologia

K. R. Mangalam University, Gurugram, Haryana, Índia

Deepak Singh

Departamento de Engenharia e Tecnologia

ABES(IT), Ghaziabad, Uttar Pradesh, Índia

Introdução

A Inteligência Artificial (IA) tornou-se parte integrante de inúmeras aplicações, desde os cuidados de saúde e as finanças até à justiça penal e à contratação. No entanto, à medida que estes sistemas influenciam cada vez mais os aspectos críticos da vida humana, as preocupações com a parcialidade e a equidade passaram para primeiro plano. O enviesamento da IA ocorre quando um sistema de IA produz sistematicamente resultados preconceituosos devido a dados, algoritmos ou processos incorrectos, conduzindo a resultados injustos para determinados grupos. Garantir a equidade na IA implica abordar estes preconceitos para promover um tratamento equitativo para todos os utilizadores.

Tipos de preconceitos na IA

Enviesamento dos dados: O enviesamento dos dados resulta dos dados de treino utilizados para construir modelos de IA. Se os dados reflectirem preconceitos existentes ou não tiverem diversidade, o sistema de IA irá provavelmente perpetuar esses preconceitos. Por exemplo, uma IA treinada num conjunto de dados de rostos predominantemente brancos pode ter um desempenho fraco em tarefas de reconhecimento facial de pessoas de cor.

Enviesamento algorítmico: O enviesamento algorítmico ocorre quando os próprios algoritmos contribuem para resultados injustos. Isto pode acontecer devido às escolhas de conceção feitas durante o desenvolvimento do modelo de IA, como a seleção de características ou a forma como o modelo é treinado e testado.

Preconceito social: O preconceito social engloba preconceitos sociais mais amplos que estão incorporados nos dados e nos algoritmos. Estes preconceitos reflectem as desigualdades estruturais e as práticas discriminatórias presentes na sociedade.

Viés de medição: O viés de medição surge quando as métricas utilizadas para avaliar o desempenho da IA não captam adequadamente a equidade. Por exemplo, a utilização da exatidão como única medida de sucesso pode ignorar as disparidades nas taxas de erro entre diferentes grupos demográficos.

Fontes de preconceitos na IA

Desigualdades históricas: Muitos conjuntos de dados utilizados para treinar sistemas de IA contêm preconceitos e desigualdades históricas, reflectindo práticas discriminatórias do passado. Estes preconceitos ficam enraizados nos modelos de IA, levando a previsões e decisões tendenciosas.

Viés de amostragem: O viés de amostragem ocorre quando os dados de treino não são representativos da população-alvo. Isto pode resultar num sistema de IA que tem um bom desempenho em determinados grupos, mas fraco noutros.

Enviesamento de rotulagem: O enviesamento de rotulagem surge durante o processo de anotação quando os anotadores humanos introduzem os seus próprios enviesamentos nos dados rotulados. Este facto pode distorcer o processo de aprendizagem e os resultados do sistema de IA.

Seleção de características: A escolha das características utilizadas para treinar um modelo de IA pode introduzir enviesamentos se determinadas características relevantes forem excluídas ou se forem incluídas características irrelevantes mas correlacionadas.

Impacto do enviesamento da IA

Discriminação: O enviesamento da IA pode levar a práticas discriminatórias, particularmente em áreas de alto risco como a contratação, o crédito e a aplicação da lei. Por exemplo, verificou-se que os sistemas de IA tendenciosos visam desproporcionadamente as minorias no policiamento preditivo.

Perda de confiança: Quando os sistemas de IA produzem resultados tendenciosos, a confiança do público na tecnologia diminui. Os utilizadores podem desconfiar das aplicações de IA, reduzindo a sua vontade de adotar e interagir com estes sistemas.

Desigualdade no acesso: O viés na IA pode exacerbar as desigualdades existentes ao negar a certos grupos o acesso a oportunidades e recursos. Por exemplo, algoritmos de pontuação de crédito tendenciosos podem negar injustamente empréstimos a comunidades marginalizadas.

Estratégias para atenuar os preconceitos da IA

Dados diversificados e representativos: É fundamental garantir que os conjuntos de dados da formação sejam diversificados e representativos da população-alvo. Isto implica a recolha de dados de várias fontes e grupos para captar uma vasta gama de experiências e perspectivas.

Deteção e auditoria de enviesamentos: A implementação de ferramentas e técnicas para detetar e auditar o enviesamento nos sistemas de IA pode ajudar a identificar e resolver potenciais problemas. Auditorias regulares de modelos de IA e seus resultados podem destacar disparidades e orientar ações corretivas.

Transparência algorítmica: O aumento da transparência nos algoritmos de IA permite um maior escrutínio e compreensão da forma como as decisões são tomadas. Isto inclui tornar os dados, modelos e processos subjacentes acessíveis às partes interessadas.

Métricas de equidade: O desenvolvimento e utilização de métricas de justiça para avaliar os sistemas de IA garante que o desempenho é medido não só pela exatidão, mas também pela equidade. Métricas como impacto díspar, probabilidades igualadas e paridade demográfica podem ajudar a avaliar a equidade.

Equipas de desenvolvimento inclusivas: Equipas de desenvolvimento diversificadas podem trazer diferentes perspectivas e experiências para a mesa, ajudando a identificar e a mitigar preconceitos. A inclusão de partes interessadas de várias origens no processo de desenvolvimento pode aumentar a equidade dos sistemas de IA.

Directrizes éticas para a IA: A adoção de directrizes e princípios éticos de IA pode orientar o desenvolvimento e a implementação responsáveis de sistemas de IA. As organizações podem estabelecer políticas que priorizem a justiça, a responsabilidade e a transparência.

Estudos de caso e exemplos

Reconhecimento facial: Estudos demonstraram que muitos sistemas de reconhecimento facial apresentam taxas de erro mais elevadas para pessoas de cor do que para indivíduos brancos. Os esforços para atenuar este preconceito incluem a melhoria dos conjuntos de dados de formação e o desenvolvimento de algoritmos mais inclusivos.

Policiamento preditivo: Os algoritmos de policiamento preditivo têm sido criticados por visarem desproporcionadamente as comunidades minoritárias. A resolução deste problema implica a revisão dos dados utilizados para a formação e a garantia de que as práticas de policiamento não perpetuam injustiças históricas.

Algoritmos de contratação: Descobriu-se que as ferramentas de contratação baseadas em IA favorecem certos dados demográficos em detrimento de outros. As empresas estão a trabalhar para resolver estes preconceitos, refinando os seus modelos e utilizando características imparciais no processo de contratação.

Preocupações com a privacidade e a segurança

À medida que a inteligência artificial (IA) se integra cada vez mais em vários aspectos da nossa vida, as preocupações com a privacidade e a segurança tornaram-se mais acentuadas. Os sistemas de IA requerem frequentemente grandes quantidades de dados para funcionarem eficazmente, o que levanta questões relacionadas com a recolha, o armazenamento e a utilização de dados. Garantir a privacidade e a segurança nas aplicações de IA é essencial para proteger as informações sensíveis dos indivíduos e manter a confiança do público nestas tecnologias.

Preocupações com a privacidade na IA

Recolha de dados e consentimento: Os sistemas de IA baseiam-se frequentemente em grandes conjuntos de dados, que podem incluir informações pessoais. Surgem problemas quando os dados são recolhidos sem consentimento explícito ou quando os indivíduos não sabem como os seus dados serão utilizados. Práticas transparentes de recolha de dados e a obtenção de consentimento informado são cruciais para resolver estas preocupações.

Anonimização de dados: A anonimização de dados é uma prática comum para proteger a privacidade. No entanto, técnicas sofisticadas de IA podem, por vezes, reidentificar dados anonimizados, levando a violações de privacidade. É essencial garantir métodos de anonimização robustos que impeçam a reidentificação.

Vigilância e monitorização: Os sistemas de vigilância alimentados por IA podem seguir as actividades e os comportamentos dos indivíduos, o que suscita preocupações significativas em matéria de privacidade. O potencial de utilização indevida desses sistemas por governos ou empresas realça a necessidade de regulamentação e supervisão rigorosas.

Partilha de dados e terceiros: A partilha de dados com terceiros pode levar a riscos de privacidade se essas partes não aderirem a normas rigorosas de proteção de dados. São necessárias orientações e acordos claros para garantir que a partilha de dados não compromete a privacidade.

Definição de perfis de utilizadores: Os sistemas de IA criam frequentemente perfis detalhados de indivíduos com base nos seus dados, que podem ser utilizados para publicidade direccionada ou outros fins. Embora isto possa melhorar a experiência do utilizador, também levanta preocupações sobre a quantidade de informação pessoal que está a ser inferida e utilizada.

Preocupações de segurança na IA

Violações de dados: Os sistemas de IA são vulneráveis a violações de dados, que podem expor informações sensíveis. Garantir medidas robustas de cibersegurança para proteger os sistemas de IA e os dados que eles manipulam é crucial para evitar o acesso não autorizado e as violações.

Ataques adversários: Os ataques adversários envolvem a manipulação de dados de entrada para enganar os sistemas de IA, levando-os a fazer previsões ou tomar decisões incorrectas. Estes ataques podem comprometer a fiabilidade e a segurança das aplicações de IA, especialmente em áreas críticas como os cuidados de saúde e os veículos autónomos.

Roubo de modelos: Os modelos de IA representam uma valiosa propriedade intelectual. O acesso não autorizado ou o roubo de modelos de IA pode resultar em perdas económicas significativas e comprometer a segurança das tecnologias proprietárias. É essencial proteger os modelos de IA através de encriptação e práticas de implementação seguras.

Exploração algorítmica: A exploração de vulnerabilidades nos algoritmos de IA pode levar a actividades maliciosas, como a criação de deepfakes ou a manipulação de sistemas financeiros. A monitorização e atualização contínuas dos algoritmos de IA são necessárias para mitigar estes riscos.

Robustez do sistema: É fundamental garantir a robustez dos sistemas de IA contra falhas e ataques. Isto implica testes rigorosos, validação e implementação de mecanismos à prova de falhas para manter a integridade e a segurança do sistema.

Estratégias para garantir a privacidade e a segurança na IA

Minimização de dados: A recolha apenas dos dados necessários para as aplicações de IA pode reduzir os riscos de privacidade. As práticas de minimização de dados envolvem a limitação do âmbito da recolha de dados e a utilização de técnicas de preservação da privacidade, como a privacidade diferencial.

Encriptação e armazenamento seguro: A encriptação de dados em trânsito e em repouso pode protegê-los contra o acesso não autorizado. A implementação de soluções de armazenamento seguro e controlos de acesso garante que apenas o pessoal autorizado pode aceder a informações sensíveis.

Aprendizagem Federada: A aprendizagem federada permite que os modelos de IA sejam treinados em fontes de dados descentralizadas sem a necessidade de transferir dados brutos. Esta abordagem aumenta a privacidade, mantendo os dados localizados e reduzindo o risco de violações.

Transparência e responsabilidade: Fornecer transparência sobre as práticas de recolha, processamento e utilização de dados ajuda a criar confiança junto dos utilizadores. Mecanismos de responsabilização, como auditorias e avaliações de impacto, garantem que os sistemas de IA cumprem as normas de privacidade e segurança.

Regulamentação e conformidade: A adesão a quadros regulamentares, como o Regulamento Geral de Proteção de Dados (RGPD) e a Lei de Privacidade do Consumidor da Califórnia (CCPA), é essencial para proteger a privacidade e a segurança. Estes regulamentos fornecem directrizes e requisitos para a proteção de dados e os direitos dos utilizadores.

Práticas éticas de IA: A incorporação de considerações éticas no desenvolvimento e implementação da IA pode melhorar a privacidade e a segurança. Isto inclui a adoção de princípios como a justiça, a responsabilidade e a transparência, e o envolvimento das partes interessadas no processo de conceção.

Estudos de caso e exemplos

Cuidados de saúde: Os sistemas de IA nos cuidados de saúde lidam com informações sensíveis dos pacientes, o que torna a privacidade e a segurança fundamentais. A implementação de encriptação, protocolos de partilha de dados seguros e controlos de acesso rigorosos são essenciais para proteger os dados dos doentes.

Serviços financeiros: As instituições financeiras utilizam a IA para a deteção de fraudes e o serviço ao cliente. Garantir a segurança destes sistemas envolve encriptação robusta, monitorização contínua de ataques adversários e adesão a normas regulamentares.

Cidades inteligentes: As iniciativas de cidades inteligentes alimentadas por IA envolvem uma extensa recolha de dados dos residentes. A proteção da privacidade nas cidades inteligentes exige práticas transparentes de recolha de dados, armazenamento seguro de dados e mecanismos para que os residentes possam controlar os seus dados.

Desafios e direcções futuras

Equilíbrio entre privacidade e utilidade: Encontrar o equilíbrio certo entre a proteção da privacidade e a manutenção da utilidade dos sistemas de IA é um desafio. Medidas de privacidade demasiado rigorosas podem limitar a eficácia das aplicações de IA, enquanto medidas pouco rigorosas podem comprometer a privacidade.

Cenário de ameaças em evolução: O cenário de ameaças para os sistemas de IA está em constante evolução, com o surgimento de novas vulnerabilidades e vectores de ataque. Manter-se à frente destas ameaças requer investigação, desenvolvimento e adaptação contínuos das medidas de segurança.

Colaboração global: A abordagem das questões de privacidade e segurança na IA exige uma colaboração global. A partilha das melhores práticas, normas e resultados da investigação pode melhorar a capacidade colectiva de proteger a privacidade e a segurança nos sistemas de IA.

Impacto no emprego e na sociedade

A Inteligência Artificial (IA) está a transformar vários sectores, oferecendo benefícios significativos como o aumento da eficiência, a inovação de novos produtos e o reforço das capacidades de tomada de decisões. No entanto, o seu rápido avanço também levanta questões importantes sobre o seu impacto no emprego e implicações sociais mais alargadas. Compreender estes impactos é crucial para navegar no futuro do trabalho e garantir que os benefícios da IA são distribuídos de forma equitativa.

Impacto no emprego

Deslocação e criação de emprego: A IA tem o potencial de automatizar tarefas rotineiras e repetitivas, levando à deslocação de empregos em determinados sectores. Por exemplo, as funções de fabrico, logística e atendimento ao cliente são particularmente vulneráveis à automatização. Por outro lado, a IA também cria novas oportunidades de emprego em áreas como o desenvolvimento da IA, a ciência dos dados e a manutenção de sistemas de IA. O impacto líquido no emprego depende do equilíbrio entre a deslocação e a criação de postos de trabalho.

Mudanças de competências e requalificação da mão de obra: A integração da IA no local de trabalho exige novas competências, nomeadamente em áreas como a programação, a análise de dados e a gestão de sistemas de IA. Esta mudança exige a requalificação e a melhoria das competências da mão de obra para garantir que os trabalhadores se possam adaptar ao panorama profissional em mudança. Os governos, as instituições de ensino e as empresas devem colaborar para proporcionar programas de formação e educação que dotem os trabalhadores das competências necessárias.

Polarização do emprego: A IA pode exacerbar a polarização do emprego, onde os empregos de qualificação média diminuem e os empregos de baixa e alta qualificação aumentam. Esta polarização pode levar a uma maior desigualdade de rendimentos, uma vez que os empregos altamente qualificados oferecem normalmente melhores salários e benefícios em comparação com os empregos pouco qualificados. Para resolver esta questão, são necessárias políticas que promovam o crescimento inclusivo e apoiem os trabalhadores que transitam dos sectores em declínio.

Economia Gig e trabalho freelance: As tecnologias de IA permitem o crescimento da economia gig, facilitando as plataformas que ligam os freelancers a oportunidades de trabalho a curto prazo. Embora isto ofereça flexibilidade e novos fluxos de rendimento aos trabalhadores, também levanta preocupações sobre a segurança do emprego, os benefícios e a proteção dos trabalhadores.

Implicações sociais da IA

Desigualdade económica: A distribuição desigual dos benefícios da IA pode agravar a desigualdade económica. A riqueza gerada pelas inovações da IA pode concentrar-se em algumas empresas de tecnologia e em trabalhadores altamente qualificados, deixando outros para trás. Garantir que os benefícios económicos da IA sejam amplamente partilhados é essencial para mitigar este risco.

Acesso a oportunidades: A IA tem o potencial de democratizar o acesso a oportunidades, fornecendo educação, cuidados de saúde e serviços financeiros personalizados. No entanto, as disparidades no acesso à tecnologia e à literacia digital podem limitar estes benefícios para determinadas populações. Colmatar o fosso digital é crucial para garantir um acesso equitativo às oportunidades impulsionadas pela IA.

Normas éticas e sociais: Os sistemas de IA podem pôr em causa as normas éticas e sociais existentes, nomeadamente em matéria de privacidade, autonomia e responsabilidade. Por exemplo, os sistemas de vigilância da IA levantam questões sobre o direito à privacidade, enquanto os sistemas autónomos de tomada de decisões desafiam as noções tradicionais de responsabilidade humana.

Impacto cultural e psicológico: A utilização generalizada da IA pode influenciar as normas culturais e o comportamento individual. Os sistemas de recomendação de conteúdos baseados em IA, por exemplo, moldam a forma como as pessoas consomem os media e a informação, reforçando potencialmente as câmaras de eco e influenciando a opinião pública.

Estratégias para atenuar os impactos negativos

Educação e formação: É essencial investir em programas de educação e formação que se centrem na literacia em IA, nas competências digitais e no pensamento crítico. Estes programas devem ser acessíveis a todos os grupos demográficos e concebidos para preparar os indivíduos para o mercado de trabalho em evolução.

Redes de segurança social: O reforço das redes de segurança social, como os subsídios de desemprego, os cuidados de saúde e os programas de reconversão profissional, pode apoiar os trabalhadores afectados pela deslocação do emprego provocada pela IA. Garantir que essas redes de segurança sejam robustas e adaptáveis é crucial para a estabilidade social.

Políticas de inovação inclusivas: Os decisores políticos devem promover políticas de inovação inclusivas que garantam que os benefícios da IA sejam amplamente distribuídos. Isto inclui o apoio às pequenas e médias empresas (PME) na adoção de tecnologias de IA e a promoção de parcerias público-privadas que impulsionem o crescimento inclusivo.

Desenvolvimento ético da IA: O desenvolvimento de directrizes e normas éticas para o desenvolvimento da IA pode ajudar a responder às preocupações da sociedade. Isto inclui garantir a transparência, a responsabilidade e a justiça nos sistemas de IA e envolver diversas partes interessadas no processo de desenvolvimento.

Estudos de caso e exemplos

Indústria transformadora: No sector da indústria transformadora, a automatização baseada na IA conduziu a ganhos de produtividade significativos, mas também à deslocação de postos de trabalho. As empresas estão a investir em programas de requalificação para ajudar os trabalhadores na transição para novas funções na gestão e manutenção de sistemas de IA.

Cuidados de saúde: A IA está a transformar os cuidados de saúde ao permitir uma medicina personalizada, diagnósticos preditivos e melhores cuidados aos doentes. No entanto, garantir um acesso equitativo a estas tecnologias continua a ser um desafio, especialmente em locais com poucos recursos.

Educação: As plataformas de aprendizagem personalizada orientadas para a IA estão a revolucionar a educação, adaptando a instrução às necessidades individuais dos alunos. Os esforços para colmatar o fosso digital e garantir o acesso a estas tecnologias são essenciais para maximizar o seu impacto.

Direcções futuras

Conceção da IA centrada no ser humano: A concentração na conceção de IA centrada no ser humano, que dá prioridade ao bem-estar e à capacitação do ser humano, pode atenuar os impactos negativos na sociedade. Isto implica a conceção de sistemas de IA que complementem as capacidades humanas e melhorem a tomada de decisões humanas.

Governação colaborativa: O estabelecimento de quadros de governação colaborativa que envolvam os governos, as empresas e a sociedade civil pode garantir que o desenvolvimento e a implantação da IA se alinham com os valores e prioridades da sociedade.

Investigação e acompanhamento contínuos: A investigação e o acompanhamento contínuos do impacto da IA no emprego e na sociedade são necessários para identificar os desafios e as oportunidades emergentes. Isto inclui o estudo dos efeitos a longo prazo da adoção da IA e o desenvolvimento de políticas adaptativas.

Cooperação internacional: A abordagem do impacto global da IA exige cooperação internacional. A partilha das melhores práticas, normas e quadros regulamentares pode promover o desenvolvimento responsável da IA e garantir que os benefícios sejam partilhados a nível mundial.

Desenvolvimento e governação responsáveis da IA

A Inteligência Artificial (IA) tem um imenso potencial para transformar as indústrias e melhorar a qualidade de vida, mas também apresenta riscos significativos e desafios éticos. O desenvolvimento e a governação responsáveis da IA implicam a criação e implementação de quadros que garantam que as tecnologias de IA são desenvolvidas e implementadas de forma ética, transparente e alinhada com os valores sociais. Isto inclui abordar questões relacionadas com a equidade, a responsabilidade, a privacidade e a segurança.

Princípios do desenvolvimento responsável da IA

Transparência: Os sistemas de IA devem ser transparentes nas suas operações, permitindo que as partes interessadas compreendam como as decisões são tomadas. Isto inclui fornecer documentação clara dos modelos de IA, fontes de dados e processos de tomada de decisão.

Equidade: Garantir a equidade na IA implica abordar os enviesamentos nos dados e nos algoritmos para promover resultados equitativos. Os sistemas de IA devem ser concebidos para evitar a discriminação e garantir que todos os indivíduos sejam tratados de forma justa.

Responsabilidade: Os programadores e as organizações devem ser responsáveis pelas decisões e impactos dos seus sistemas de IA. Isto implica o estabelecimento de linhas claras de responsabilidade e mecanismos para lidar com os danos causados pelas tecnologias de IA.

Privacidade: A proteção da privacidade do utilizador é essencial no desenvolvimento da IA. Isto inclui a implementação de medidas robustas de proteção de dados e a garantia de que as práticas de recolha e utilização de dados cumprem os regulamentos de privacidade.

Segurança e proteção: Garantir a segurança e a proteção dos sistemas de IA implica protegê-los de ataques adversários e falhas. Os sistemas de IA devem ser rigorosamente testados e validados para garantir que funcionam de forma fiável e segura.

Conceção centrada no ser humano: Os sistemas de IA devem ser concebidos tendo em conta o bem-estar humano, melhorando as capacidades humanas e os processos de tomada de decisões. Isto implica envolver as partes interessadas no processo de conceção e considerar as implicações sociais e éticas das tecnologias de IA.

Quadros de governação para a IA

Abordagens regulamentares: Os governos desempenham um papel crucial no estabelecimento de quadros regulamentares que regem o desenvolvimento e a implantação da IA. Estes quadros devem abordar questões como a proteção de dados, a transparência algorítmica e a responsabilidade.

Normas do sector: As normas e melhores práticas da indústria fornecem directrizes para o desenvolvimento responsável da IA. As organizações podem adotar estas normas para garantir que os seus sistemas de IA estão alinhados com princípios éticos e requisitos regulamentares.

Directrizes éticas: O desenvolvimento de directrizes éticas para a IA envolve a definição de princípios e valores que orientam o desenvolvimento da IA. Estas directrizes podem ser criadas por associações industriais, instituições de investigação e iniciativas de várias partes interessadas.

Avaliações de impacto: A realização de avaliações de impacto ajuda as organizações a compreender as potenciais implicações sociais, éticas e ambientais dos seus sistemas de IA. Essas avaliações podem informar a tomada de decisões e mitigar impactos negativos.

Envolvimento do público: Envolver o público nos debates sobre o desenvolvimento e a governação da IA garante que sejam consideradas diversas perspectivas. As consultas públicas, os fóruns e os processos de conceção participativa podem reforçar a legitimidade e a aceitação das tecnologias de IA.

Desafios do desenvolvimento responsável da IA

Preconceitos e discriminação: Abordar o preconceito e a discriminação na IA é um desafio significativo. Garantir que os dados de formação são representativos e que os algoritmos são concebidos para atenuar os preconceitos exige um esforço e uma vigilância constantes.

Privacidade dos dados: A proteção da privacidade dos dados nos sistemas de IA é complexa, especialmente quando se trata de recolha e processamento de dados em grande escala. É fundamental garantir a conformidade com os regulamentos de privacidade e implementar medidas robustas de proteção de dados.

Mecanismos de responsabilização: Estabelecer mecanismos claros de responsabilização para os sistemas de IA pode ser difícil, particularmente nos casos em que as decisões de IA são opacas ou envolvem múltiplas partes interessadas. É essencial criar processos transparentes e responsáveis.

Dilemas éticos: O desenvolvimento da IA envolve frequentemente dilemas éticos, como o equilíbrio entre a inovação e os riscos potenciais. A resolução destes dilemas exige uma abordagem ponderada e baseada em princípios, informada por diversas perspectivas.

Coordenação global: O desenvolvimento e a governação da IA exigem uma coordenação global para resolver questões transfronteiriças e garantir normas coerentes. A cooperação internacional é necessária para criar um quadro de governação coeso e eficaz.

Estudos de caso e exemplos

Cuidados de saúde: Nos cuidados de saúde, o desenvolvimento responsável da IA envolve a garantia da privacidade do paciente, a abordagem de enviesamentos nos dados médicos e a manutenção da responsabilidade pelas decisões baseadas em IA. Os exemplos incluem sistemas de IA para diagnóstico por imagem e planos de tratamento personalizados.

Finanças: No sector financeiro, a governação da IA centra-se na transparência, equidade e responsabilidade nos processos automatizados de tomada de decisões, como a pontuação de crédito e a deteção de fraudes. É crucial garantir que estes sistemas não perpetuem as desigualdades financeiras.

Veículos autónomos: Os veículos autónomos apresentam desafios únicos em termos de segurança e responsabilidade. É essencial desenvolver normas de segurança sólidas, processos de tomada de decisão transparentes e mecanismos para lidar com acidentes e falhas.

Direcções futuras da IA responsável

Conselhos de ética da IA: O estabelecimento de conselhos de ética de IA dentro das organizações pode fornecer supervisão e orientação sobre questões éticas. Esses conselhos podem revisar projetos de IA, realizar avaliações de impacto ético e garantir o alinhamento com os princípios éticos.

Investigação em colaboração: As iniciativas de investigação em colaboração que envolvem o meio académico, a indústria e o governo podem promover o desenvolvimento responsável da IA. A partilha de conhecimentos, recursos e melhores práticas pode impulsionar a inovação, ao mesmo tempo que aborda preocupações éticas e sociais.

Governação adaptativa: É essencial desenvolver quadros de governação adaptáveis que evoluam com os avanços tecnológicos. Estes quadros devem ser flexíveis e capazes de responder aos desafios e oportunidades emergentes no desenvolvimento da IA.

Literacia e educação em IA: Promover a literacia e a educação em IA entre o público, os decisores políticos e os programadores pode melhorar a compreensão e a tomada de decisões informadas. Os programas educativos devem abranger princípios éticos, requisitos regulamentares e os impactos sociais da IA.

BIBLIOGRAFIA

1. Zhao, J., Wu, M., Zhou, L., Wang, X., & Jia, J. (2022). Revisão da inteligência artificial baseada na psicologia cognitiva. Frontiers in neuroscience, 16, 1024316.

2. Daróczy, G. (2010, janeiro). Inteligência artificial e psicologia cognitiva. Em Actas da 8ª Conferência Internacional sobre Informática Aplicada (pp. 61-69).

3. Taylor, J. E. T., & Taylor, G. W. (2021). Cognição artificial: Como a psicologia experimental pode ajudar a gerar inteligência artificial explicável. Psychonomic Bulletin & Review, 28(2), 454-475.

4. Collins, A., & Smith, E. E. (Eds.). (2013). Leituras em ciência cognitiva: Uma perspetiva da psicologia e da inteligência artificial. Elsevier.

5. Mind Design, I. I. (1997). Filosofia, Psicologia e Inteligência Artificial. DOI: ISBN (eletrónico): Editora: Publicado: John Haugeland The MIT Press, 10, 2.

6. Newell, A. (1970). A utilização de um sistema de informação de dados para a resolução de problemas. Em Theoretical Approaches to Non-Numerical Problem Solving: Actas do IV Simpósio de Sistemas da Case Western Reserve University (pp. 363-400). Berlim, Heidelberg: Springer Berlin Heidelberg.

7. Geru, M., Micu, A. E., Capatina, A., & Micu, A. (2018). Usando inteligência artificial no conteúdo gerado pelo usuário da mídia social para estratégias de marketing disruptivas no comércio eletrônico. Economia e Informática Aplicada, 24(3), 5-11.

8. Meyer, D. E., & Kornblum, S. (Eds.). (1993). Attention and performance XIV: Synergies in experimental psychology, artificial intelligence, and cognitive neuroscience (Vol. 14). Mit Press.

9. Pfeifer, R. (1988). Artificial intelligence models of emotion. In Cognitive perspectives on emotion and motivation (pp. 287-320). Dordrecht: Springer Netherlands.

10. Anderson, J. R. (1984). Cognitive psychology. Artificial Intelligence, 23(1), 1-11.

11. Reed, S. (2019). Construindo pontes entre a IA e a psicologia cognitiva. Revista Ai, 40(2), 17-28.

12. Harré, M. S. (2021). Teoria da informação para agentes em inteligência artificial, psicologia e economia. Entropia, 23(3), 310.

I want morebooks!

Buy your books fast and straightforward online - at one of world's fastest growing online book stores! Environmentally sound due to Print-on-Demand technologies.

Buy your books online at
www.morebooks.shop

Compre os seus livros mais rápido e diretamente na internet, em uma das livrarias on-line com o maior crescimento no mundo! Produção que protege o meio ambiente através das tecnologias de impressão sob demanda.

Compre os seus livros on-line em
www.morebooks.shop

Printed by Books on Demand GmbH, Norderstedt / Germany